2012
China
Interior
Design Annual

2012中国室内设计年鉴（1）

《中国室内设计年鉴》编委会

辽宁科学技术出版社

目录

地产

Real Estate

会所

Club

CONTENTS

又及餐厅 P.S. restaurant

设计单位:古鲁奇公司 / 设计:利旭恒、赵爽、郑雅楠 /面积:850 m² /主要材料:大理石、铝板、地毯、玻璃 /
坐落地点:北京中关村 / 完工时间:2012年 / 摄影:孙翔宇

信写完并已署名后又添上几句,在添加的几句话下常会注明"又及"或"某某又及"。位于北京中关村的又及餐厅(P.S. Restaurant)唤起了人们校园食堂的美好回忆,柔和的绿色系色彩和天然大理石如同一个有机的调色盘,提供给刚刚踏出校园的年轻学子们一方心灵的休憩站。

设计师希望创造一个闹中取静的幸福空间。生活中形形色色的人们,对于美好事物有着不同的憧憬和渴望。有时候充满着乌托邦式不切实际的梦想,但毫无疑问,梦想是人类最天真最无邪的,成为下意识里努力追求的源泉。

设计概念是将空间规划成5个功能区块,除厨房、吧台等基本后场之外,所有的外场用餐区域以环境心理学的模式呈现。每个景观用餐区都被赋予独特的调色盘与窗口来帮助人们审读自我,同时透过窗口静观这纷扰的城市,为不同的人们创造一个属于自己的心灵加油站。

对于现代时尚餐饮空间的设计,食客心理因素要优先于生理因素来考虑,特别是在繁华的都会中心,用餐当然绝对不只是纯粹的生理行为,更多的是心理学的反射,每当用餐时刻,人们思考的除了美食之外,同时也是选择一个能让身心完全放松的空间,在饱餐一顿的时候也能恢复良好的精神状态。

设计师针对都会商业区白领族群的用餐心理,精心布局四个属性独特的用餐区,风格相同而手法相异。餐区之间非常注意颜色与材料的运用,小阁楼餐厅全绿色空间,白色的楼梯通天隐喻人们努力向上的必要性,躺坐在小阁楼餐区的"懒骨头"上,搭配一杯热奶茶,绝对独享属于自己的身心避风港。

1. 接待区
2. 餐区
3. 操作区
4. 卫生间

左1 绿白相间的餐厅外立面
左2 餐厅外立面
右1 大气却又不失活力的餐厅一角

左1 蓝、白、绿色营造出宁静的氛围
右1 阁楼区的螺旋式楼梯与"懒骨头"坐垫让人独享属于自己的身心避风港

左1-左4 餐厅区域的不同角度
右1 餐具细部图
右2、右3 独特风格的餐厅一
角

你的笑颜尚品餐厅 # Your Smile Fashion Dinning Hall

设计单位:杭州历程装饰设计有限公司 / 设计:卢文伟、沈建方 / 参与设计：谢斌、丁玲巧 / 面积:950 m² / 主要材料:仿古地砖、复合地板、马赛克、水曲柳饰面板、抛光面砖、壁纸、拉丝不锈钢 / 坐落地点:无锡 / 完工时间:2011年4月 / 摄影:文宗博

本案设计以拆解、重组的西方经典元素，摆脱繁琐的装饰线条及纹案，并赋予其崭新的诠释。从概念到思想、从实用到美观、从室内到室外，所有的家具、摆设、收藏、展示均被精心、合理地设计打造，贴切地融于此空间。

透过精致的质材、细腻的手工艺、软硬材质的交替运用，以表达餐厅简洁、宁静、温暖、组合巧妙的空间，营造出低调时尚、青春活泼的气息。

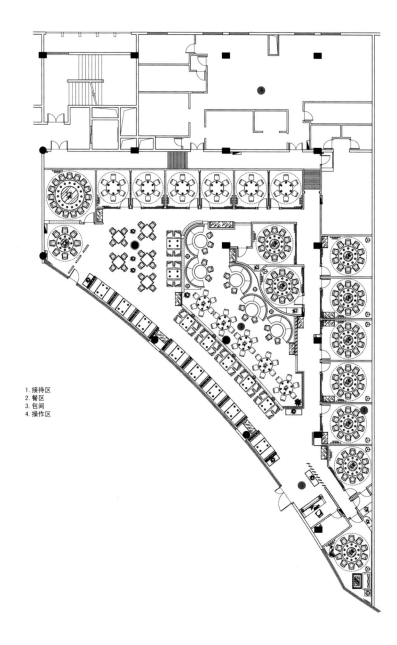

1. 接待区
2. 餐区
3. 包间
4. 操作区

左1 墙面上充满笑容的照片与餐厅主题相对应
左2 餐厅内暖色系的灯光充斥着温馨
右1 顶上大胆的造型使整个餐厅颜显活泼

左1 整个空间简练中充斥着浓浓的西方元素
左2 红色椅子洋溢着温暖
右1 屏风增加了画龙点睛之笔
右2、右3 不同风格的宴会厅

丰洲千之花 BLOSSOM in Tokyo

设计单位:sako建筑设计工社 / 设计:迫庆一郎 /面积:36 m² / 坐落地点:日本东京江东区丰洲2-4-9

本案是一个拥有良好海景眺望的临海餐厅。它的市场定位是各个年龄层的女性顾客群。为呼应公司的梅花商标及店名"千之花",在店内壁上绘满了充满跃动感线条的"梅吹雪"。明亮清爽的室内空间,即使是白天也可一览无余。在这个只有36平方米的小空间里,运用不同的灯光效果演绎出了"白天"与"夜晚"两个相得益彰的侧面。采用将只有3米纵深的客席部分全部用玻璃封闭起来的廊子,使得店内空间与海景广场连为一体,形成了一个宽广的开放空间。

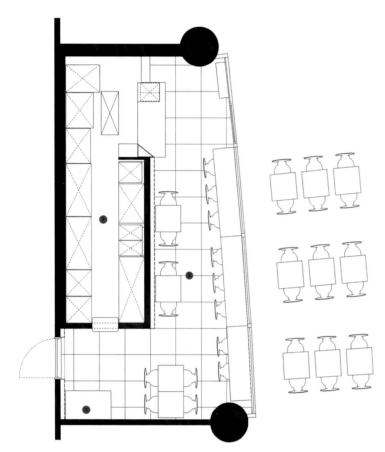

1. 接待区
2. 餐区
3. 操作区

左1 餐厅外景
左2 素雅的色调使餐厅增添了几分清爽
右1 明亮清爽的室内空间,即使是白天也可一览无余

左1 柔和的灯光别有一番温馨
左2 白色与夜晚相得益彰
右1 餐厅夜景

领鲜海厨 Top Sea Kitchen

设计单位:哈尔滨唯美源装饰设计有限公司 / 设计:辛明雨 / 面积:550 m² / 主要材料:干挂板、木纹石、皮革、壁纸 / 坐落地点:吉林省白城市 / 完工时间:2012年1月 / 摄影:张奇永

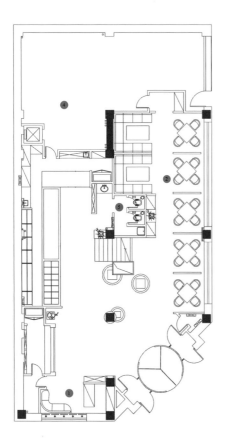

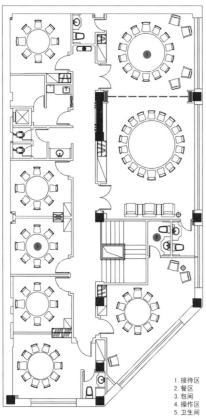

1. 接待区
2. 餐区
3. 包间
4. 操作区
5. 卫生间

本案坐落在白城,这是一座常住人口不足30万的小城。在这里开一家高档的海鲜酒店对于任何人来说都是需要勇气的,而正是甲方的这种勇气感染了我,让我坚定地把作品做了下去,直至完工。

当我和甲方第一次接触时,他就告诉我他喜欢大海,更喜欢海边的家常菜,希望我们能够创造一个具有大海感觉的空间。于是金灿灿的夕阳落在波光粼粼的大海上的画面浮现在我的脑海里,自然海浪也就成为了设计的主题。

但在实际的操作中,空间的局限很大,在仅仅500多平方米的空间中,要实现服务区、休息区、水吧、明档、散座、卡台、包房、厨房、每层各一公卫等全面的空间,就要对空间进行严格的分割,甚至是几公分的空间都要仔细利用。而在整个空间的平面布局上,不是很开阔的空间中柱子特别的多,还有剪力墙,这让两侧的空间都很受限。无奈之下只能采用反常规的方法,一切平面从柱子开始向两侧布局。再一点,就是空间的高度只有2.8米,在这么矮的空间内塑造一个波浪的造型,就要对人流动线进行精确地计算,才能达到既不让人感觉压抑,又不违背人体工程学的原则。经过几番的周折才让那波澜起伏的造型在空间中找到最佳的位置和得以实现。

左1 餐厅一角
右1 极富海洋风味的吊顶

左1 极具木质感的楼梯
左2 餐厅自助区
左3 整个餐区静谧而高雅
右1 金色的灯光照下来犹如金灿灿的夕阳落在波光粼粼的大海上

松原芊锦园 Songyuan Qianjinyuan Restaurant

设计单位:哈尔滨唯美源装饰设计有限公司 / 设计:张奇永 / 面积:800 m² / 工程造价: 300万元 / 主要材料:免漆板、石材、涂料、玻璃 / 坐落地点:吉林省松原市 / 完工时间:2012年3月 / 摄影:张奇永

松嫩平原之松原，一个年轻、安静、绿意盎然的北方小城，芊锦园便坐落于此。为其完成室内外环境的设计，源于一次信任。考察一番静静思考下来，觉得在这样一座清静而又不甚繁华的小城里，赋予这个店面一种清而新的意味最好。

在店内用餐的客人，享用片刻的就餐环境，也便是找寻到了片刻的另一种生活方式。我们便通过一个介质，例如玻璃或是虚实结合的原有建筑肌理，在这个介质上强行赋予一种视觉干扰，来改变原有城市的印象、增加一种理想的想象空间，从而改变从内至外，或从外至内的原有城市印象，产生遐想之美，为就餐的人们带来丝丝清新的感观。

无须张扬，无须粉饰，慢慢体会如同店主"慢热"的经营理念，便会流芳久远。

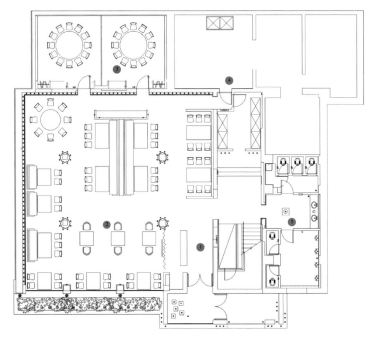

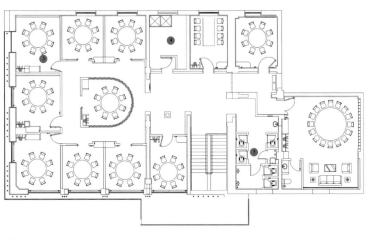

1. 接待区
2. 餐区
3. 包间
4. 操作区
5. 卫生间

左1、左2 局部细部图
右1 整个墙面与地板给人带来清新的感觉

左1 空间简易的黑白搭配
左2 绿色的背景让人回归到大自然
左3 餐厅全景
右1 包间入口
右2 餐厅包间
右3 包间入口走廊
右4 洗手间

深圳市喜悦西餐酒吧（万象城店）

设计单位:深圳新冶组设计顾问有限公司 / 设计:陈武 / 面积:700 m² / 工程造价：2000万元 / 主要材料:波斯海浪灰大理石、圣罗兰大理石、旋转大门古法琉璃、浮雕实木搽色做旧、仿古木地板、天花浅香槟金银箔、紫铜、仿古实木板 / 坐落地点:深圳万象城二期 / 完工时间:2011年2月 / 摄影:吴辉

Shenzhen Zjoy Western Bar (MIXC Shop)

本案位于深圳最繁华的商业区，设计师意图做一个闹中取静、考究又不失亲切的高级西餐酒吧，为城中奔忙于工作的达人们打造一个享受timeout的商务、休闲空间。

项目位于万象城二期三楼，在一二楼错落的门店中探出"喜悦"的LOGO，虽不张扬，却清朗笃定。旋转大门钝重端庄，仿佛要隔开身后万千烦忧。紫铜造型树叶散落在波斯海浪灰大理石上，给顾客第一眼的安宁。而惊喜随之而来，大片绿色植被织就成一整面"会呼吸的墙"，伴随着潺潺流水声，让室外钢筋水泥森林的疏离感立即被消解。将活体植物大量运用于室内空间，既是先进新技术的大胆应用，更传递出设计师的关怀与巧思：在烦躁的现代都市里，哪怕一片纯绿，一些自然生息的空气，都是妥帖的慰藉；而在后工业气质的硬朗空间里糅合进勃勃生命力，也不可不谓是对模式化风格的挑衅。所谓随喜自由，彰显于此。

喜悦西餐酒吧集餐厅与酒吧两种业态于一体，同时还兼营party聚会，顾客群体定位为高级商务和精英人群，均有着广博的见识与一流的品位。因此，兼顾用餐的仪式感与酒吧的闲适感，同时确保具有经得起挑剔的品质成为平面布局与风格选择的难点和出发点。

设计师通过精致选材和内敛用色，奠定了本案新古典的整体调性。在餐厅风格上选用新古典风格是经过斟酌的——在现今风格多样的餐厅中，新古典沉淀出的历久弥新感可谓独树一帜；新古典塑造出的安详、柔和又不失风韵的气息也正符合设计师对本案的思考：真正的享受，无须矫揉造作，更不可令人无所适从，它呼应着生活阅历、品质需求，是一种内化了的心之所求。

吧台和私人就餐区在统一的风格中做了微调——长条形的水吧台整齐地陈列着酒水，棕色皮质高脚椅简约中不失品质，两排卡座印衬出大堂的开阔。私人用餐区则有休闲浪漫的二人区，圈椅用色出挑；选择丝绸质地靠背椅的四人区，白色的法式座椅适合家庭聚餐；而沙发区是为较多朋友的聚餐准备的；如果想要呼吸更自然的空气，还可以选择室外露台区。形态多样而灵活的平面组合，既保证了顾客交谈时的隐私需求，也实现了动线的井然有序，便于顾客与侍应生的双线运动。

采购于意大利的主灯照明恰当，使得用餐氛围更加亲切温馨，室外的仿街灯设计也让在夜晚中用餐的人们感受到餐厅的关怀和设计师的用心。在"抬头望高楼，低头见车流"的繁忙中能享受缓慢而从容的时光，不可不生出一份喜悦之情。

1. 接待区
2. 餐区
3. 包间
4. 卫生间

左1 餐厅外立面
右1 紫铜造型树叶散落在波斯海浪灰大理石上，给人第一眼的安宁感

左1 放眼望去，餐区全景尽收眼底
左2、左3 就餐区
右1 餐桌一景
右2 餐厅等待休息区

香港东荟城Loft The Loft

设计单位:何宗宪设计有限公司 / 设计:何宗宪 / 参与设计：Ray Lau、李洁莹 / 面积:3927 m² / 主要材料:油漆、木地板、胶地板、木皮、墙纸、可丽耐、清玻璃、清镜、布料、木纹防火胶板、地砖 / 坐落地点:香港东涌东荟城 / 完工时间:2011年4月 / 摄影:Dick

灵感主要来自原有的建筑结构，以美国纽约的废弃工厂改造屋(Loft)作为创作蓝本，崭新的阁楼 (Loft) 设计巧妙地配合餐厅的根本理念，把本来的空间营造成"屋"的环境，为客人带来犹如在家一般的用餐享受。

新旧交错
本案设计营造出一种未完成、无加工但又时髦别致的格调。餐厅设计素材采用原材料，例如木材地板和墙身的红白砖块，带出一种不经修饰和陈旧的味道。天花和框架结构的红白油漆形成的色调同时又和墙身的红砖互相呼应，而且物料与原材料形成简单对比，再加上居家环境意念的插图，新旧元素并存，成功地带出视觉效果。

戏剧化格局
设计师在餐厅内创造视觉层次，在原有的建筑空间内加入空间，用上框架设计(Frame Space)，增加整个环境的穿透性，提高空间的使用效率之余又能建构室内的层次，就像打开了的窗户，让空间里有丰富的格局，划分半私密的用餐区形成戏剧化的空间。透过主题的空间以配合Loft的人文风，如开放式吧台(open bar)及图书区（library）能令开放式的用餐空间更富趣味性，增添了许多生活的味道，其实是一种用餐情绪的塑造。

灯光及色彩
餐厅设计中不单只强调灯光效果，同时色彩的配合也相当重要，因为同时利用灯光效果和色彩运用能传达"感观讯息"。鲜艳的色彩有增进食欲的效果，所以在餐厅的颜色运用了红色作为主调，因为在色彩心理学上，红色较容易让人联想到美味的食物，也最具开胃效果。作为单色红色充满能量，利用白色及黑色的组合能够营造出一种充满热情，令人面貌一新的气氛。

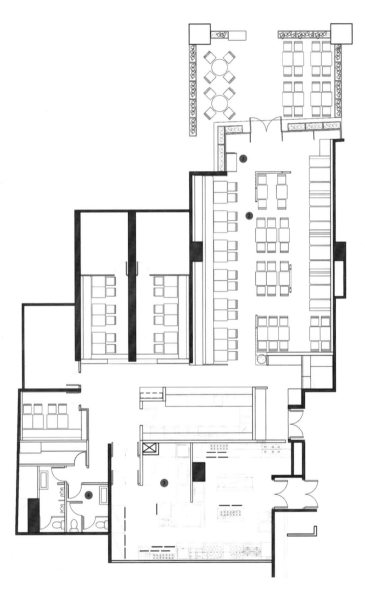

1. 接待区
2. 餐区
3. 操作区
4. 卫生间

左1 主人不经意间的收藏展示，带出餐厅的文化气息
右1 墙身的红白砖块，带出一种不经修饰和陈旧的味道

左1 墙上富有诗意的画为整个餐厅更增添出了一份年代感
左2 椅背的独特设计极富趣味性
左3 框架设计就像打开窗户
右1 顶部充满童趣的画勾起儿时的童真年代

港丽餐厅 Charme Restaurant

设计单位:古鲁奇公司 / 设计:利旭恒、赵爽 / 面积:850 m² / 主要材料:爵士白大理石、镜面玻璃球、人造皮革、实木地板 / 坐落地点:北京中关村 / 摄影:孙翔宇

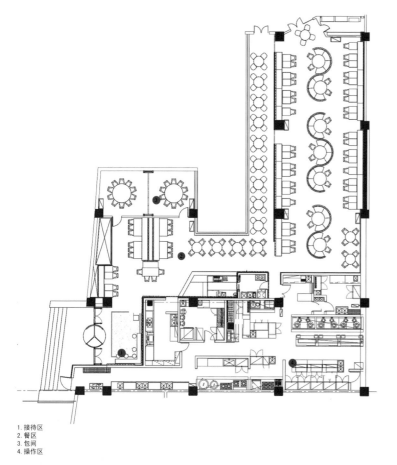

1. 接待区
2. 餐区
3. 包间
4. 操作区

来自香港的港丽餐厅是一家专营港式料理的品牌,北京中关村店则是一场两岸三地的创意大集合,大陆、香港、台湾,三个不同地区试着碰撞出精彩火花。中关村里无论建筑与环境总是给人强烈的高科技与未来感,来自台湾的设计师利旭恒给了本项目一个有趣的概念:未来世界,这也是一部30年前的电影,描述公园机器人渗透进入类社会,这次是在一个奇妙的未来,每个人都有一个机器仆人、机器朋友或机器情人(有偿的)。未来世界的机器人渐渐取代了人类,而成为人类伪冒者以实现他们在人类世界发号施令的邪恶计划。

电影情节进入了空间,机器人布下天罗地网的搜抓人类,人们如同马戏团表演般的在舞台上逃窜,当人类不幸被捕抓之后机器人利用输送带将人类送往另一个世界。当然,这需要有些想象力才可以体会这黑色幽默的创意。

重新设计这原本是一家经营不善而歇业的餐厅场地,设计师延续未来世界电影概念主题,影射剧情的网状物、输送带、垂直装饰物转化在空间中。从天花一颗一颗的镜面玻璃球延伸出的多层次灰白基调的墙面造型,以墨黑皮制座椅作为视觉所及的句点。空间的中央区吧台造型以未来世界的弧形语汇优雅地呈现科技美学,镜面底板搭配白色人造石桌面构成吧台,简洁有限的材料语汇呈现一种未来的时髦美感,吧台对面是一个大玻璃盒子,内部为一条通往地下层的输送带型电扶梯,在餐厅里可以透过玻璃看见双向流动的人群,呈现了未来世界电影情节中的黑色幽默。

设计师为餐厅墙面所制作的装置艺术以"垂直流动"为概念主轴,以人造皮革管子构成一连串的垂直视觉体验,这件雕塑概念的墙面装饰结合了装置艺术的概念,由餐厅入口到用餐区,成为餐厅室内空间的皮肤。设计师提供的竖向垂直流动的视野,让人们思考这些被建置的空间如何构成我们日常的生活模式。

港丽餐厅成功的将电影情节、艺术、设计融入在同一个空间中,成为一体,带领中国高新科技的北京中关村里的小餐厅也成为了此地高科新贵们的另一时尚焦点。

左1 餐厅外景及logo的展示
右1 多层次灰白基调的墙面造型

左1 吧台上的水果给整个空间带来几分小清新
左2 米黄色的椅子凸显整个餐厅的时尚氛围
左3 独特的墙面颜有几分艺术感
右1 天华下是一颗颗闪耀的镜面玻璃球

左1 从餐区内看向窗外，景色一览无余
左2 餐厅宴会区
右1 整个空间增添大自然的气息
右2 规整的设计给人垂直流动的视野

麻辣诱惑（上海虹口龙之梦）

Spice Spirit Restaurant

设计单位：古鲁奇公司 / 设计：利旭恒、赵爽、郑雅楠、季雯 / 面积：800 m² / 坐落地点：上海虹口龙之梦 / 完工时间：2012年 / 摄影：孙翔宇

英国建筑师Peter Cook说：意大利或许是个悲剧，它太爱自己的过去，这个后果很严重。米兰有设计场景，但它仍是个悲剧，因为几乎没有什么改变。而中国是否也是个悲剧？因为它太不喜欢自己的过去。这也是多年来我们一直在尝试设计出一个既有现代的风格，却又能让人回顾中国传统的完整概念。

麻辣诱惑期望将女性体态的柔美曲线移植到空间概念，设计师考虑移植原有品牌语汇的同时加入了中国太极的概念，即在原有阴柔的基础上融入阳刚的多角砖堆砌，利用太极阴阳虚实的关系，寻找一种堆砌与互补的秩序及空间填充的概念。

白色曲线板之间的镜子强调太极"阴"与"虚"的女性概念，曲线的构成来自品牌的LOGO。运用现代的手法演绎女性曲线的基本结构，墙与顶面大量的曲线强调了人体美学。

紫色多角砖的密实堆砌与大体量表现的是太极"阳"与"实"的男性概念，多角体墙面纵向围合成为中心用餐区域，同时将餐厅分为三个用餐区，这一作法使得扮演男女的各主题元素彼此交融密不可分。

设计师希望以中国传统太极概念作为基础，用时尚元素具象的表现方式，让宾客在优雅的空间里享受"麻辣"的同时感受到餐饮品牌思想的"诱惑"精髓。

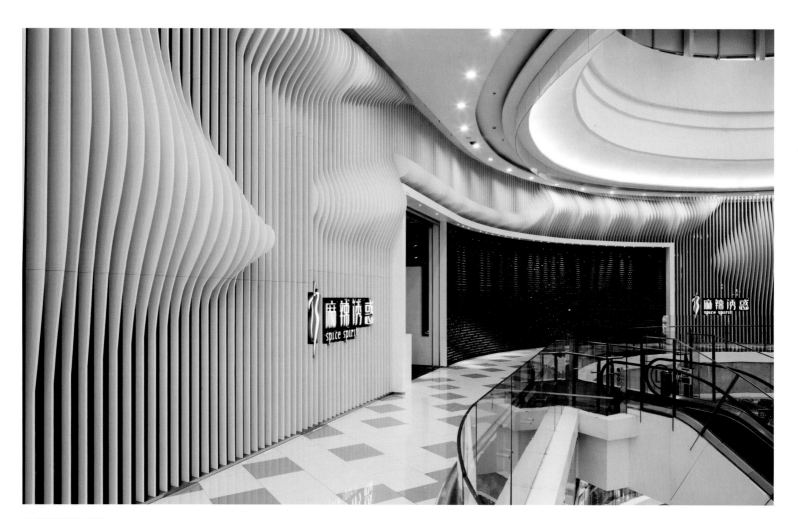

左1 极具优柔美的外立面及logo
右1 多角体墙面纵向围合成为中心用餐区域

左1 白马的摆放增添了几分新颖
右1 紫色多角砖
右2、右3 餐厅不同区域的展示

烧肉达人（上海天钥桥店） Yakiniku Master Restaurant

设计单位:古鲁奇公司 / 设计:利旭恒、赵爽、季雯 / 面积:300 m² / 坐落地点:上海 / 完工时间:2011年11月 / 摄影:孙翔宇

YAKINIKU MASTER烧肉达人日式烧肉店位于上海天钥桥路上，这个年轻的烧肉品牌成立于2007年，本项目是其在上海的第三家分店。品牌创立人期望能将日本禅意与中国江南水乡的概念移植到上海，让宾客在舒适优雅的空间里享用美食同时感受到文化的氛围。

在餐厅的入口处，一面排列整齐的日本烧烤炭墙面着实令人叹为观止。设计师巧妙地利用这面炭墙隔开了内部用餐区和外部收银区，并把木炭的实用功能转化为装饰功能，炭块横截面的肌理在高光射灯下显得尤为突出，如一朵朵绽放的菊花。餐厅能容纳130个座位，公共用餐区呈L形，两侧的木格墙融合了日本传统建筑的木框架结构和中式木质古建筑的卯榫结构，木格屏风对临窗座位还起到隔断和统一的作用。

吧台后方的大型黑白壁画以水墨方式呈现江南水乡中国建筑屋脊的弧形轮廓，屋瓦依着梁架迭层加高，展示了经典中式屋顶柔美的弧形轮廓和简单自然的韵味。为了让空间拥有粗糙自然且富有水乡韵味的设计风格，设计师用水泥浇注吧台，让吧台和天花裸坯与其下方的黑色不规则矩形钢架、花岗岩桌面形成视觉联系。黑色方形钢管在照明设计方面也起到重要作用，临窗用餐区的照明设备由黑色钢管和白色立方体灯笼组成，钢管有助于藏匿电线。为餐厅度身设计的半月形吊灯象征着传统的中式小船，灵动的小船吊灯也与白色立方体灯笼形成视觉对比。

在这个看似单一实际充满多处设计细节的空间内，地板上的矩形框内精细地铺满了鹅卵石，这些看似随意的矩形"补丁"使空间成为充满禅意的中式园林。设计师用简约主义来表现传统建筑结构，所有的元素简约而不简单，像在低声表述其质地和生命的故事。

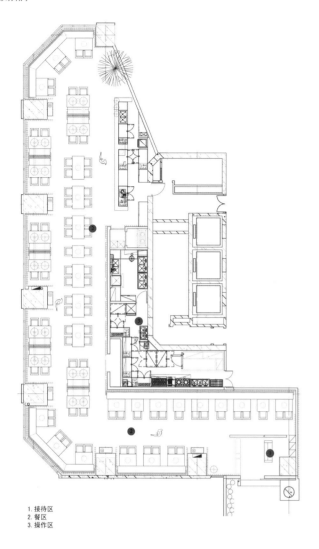

1. 接待区
2. 餐区
3. 操作区

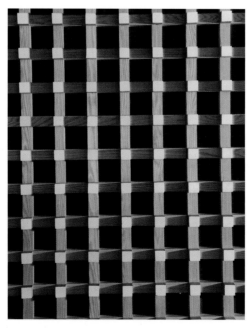
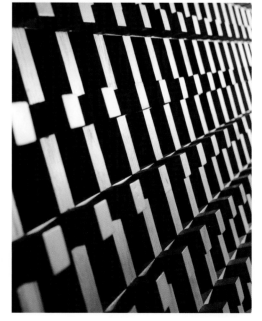

左1-左3 局部细部图
右1 木质镂空的墙面带来复古的感觉

左1 厅内暖色系的灯光加上黑色的吊顶温馨又不失大气
左2 餐厅入口大门
左3 造型简易的家具
左4 餐厅一角
右1 半月形吊灯灵动的小船

四季怀石料理 YAMAYI Japanese Restaurant

设计单位:河南鼎合建筑装饰设计工程有限公司 / 设计:刘世尧、孙华锋 / 参与设计：李珂、张利娟、孙健 / 面积:1500 m² / 主要材料:黑白玉大理石、红影木、毛石、黑色铁艺、草编壁纸、实木花格 / 坐落地点:河南郑东新区 / 完工时间:2011年1月

四季怀石料理地处繁华的郑东新区，主要为品位高雅的顾客提供正宗的日式料理。本案从现代的美学角度让日式文化获得了新的生命，在整个空间中彻底琢磨锤炼每一个细节，使人强烈感受到材料的质感与力道，让顾客在现代的用餐环境中体味传统的日式料理。

整个空间格局清晰，从接待区到寿司台区再到铁板烧及榻榻米包间，各个空间都有其独特的设计和一系列别致的艺术品装置。从一层门厅开始，就对日式元素进行了提炼，原木、毛石、枯山水，似乎一个关于日本文化的讲述就娓娓道来。上到二层，穿过接待区就是主用餐区。3.4m的挑高和临窗的位置使这里拥有极佳的视野，台位间的黑色铁艺隔断既让客人感到相对的私密性，又让这一区域多了一份安静。粗犷自然的毛石墙面成为视觉焦点，定制的日本纸灯和艺术装置，也将整个餐厅的品位体现出来。铁板烧上方飞舞的樱花图案让整个区域凭空多了一份浪漫，大理石台面上雅致的黑白色水纹，与走道波浪状的黑色隔断相呼应，让空间格调更加统一。

铁、黑钛金、不锈钢等金属材料与原木、毛石等天然材料分别加以组合运用，材料的光影特性让空间展现出丰富的表情，使人在充满活力的四季享受悠闲的时光。

1. 接待区
2. 餐区
3. 包间
4. 操作区
5. 卫生间

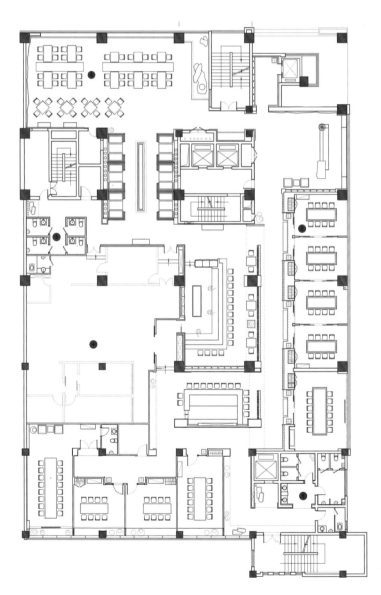

左1 带有餐厅logo、粗犷自然的毛石墙面成为视觉焦点
右1 墙面上挂着的画还原了日式餐厅的主题

左1 黑色的气氛让客人感到相对的私密性
左2 木质的桌子具日本特色
左3 规整而宁静的餐厅一角
右1 具有日本特色的小餐厅
右2 日式风格的推移门
右3 夜幕下的餐厅

俏江南合肥一九一二店

South Beauty Restaurant (Hefei 1912 Shop)

设计单位:北京瑞普 / 设计:田军 / 参与设计:林雨、魏玉芳 / 面积:2000 ㎡ / 主要材料:窗格、皮革刺绣、理石喷绘、木制作 / 坐落地点:合肥市蜀山黄山路与怀宁路交叉口 / 完工时间:2011年10月 / 摄影:林雨

此项目为独楼,一至四层的建筑面积约为2000㎡。原建筑落地窗较多,结合建筑本身的特点选择了特殊材质纱帘做遮光,表面肌理似柔软的膜结构,加上灯光的渲染营造出现代、通透、柔和的气氛。

一楼为公共区,二楼为公共区与VIP相结合,三四楼多半面积为露台,平台设有绿植、遮阳伞、藤编家具,使整个空间很西化、摩登、自由,为顾客提供了一个阳光健康的就餐环境。

设计延续了过去俏江南的优雅和尊崇,材料的使用上以古画、木格、刺绣、金属、玻璃,色彩的使用上,金色、紫红色作为主题色贯穿整个项目。新材质、新颜色营造出与以往俏江南既一脉相承又有所不同的新空间。

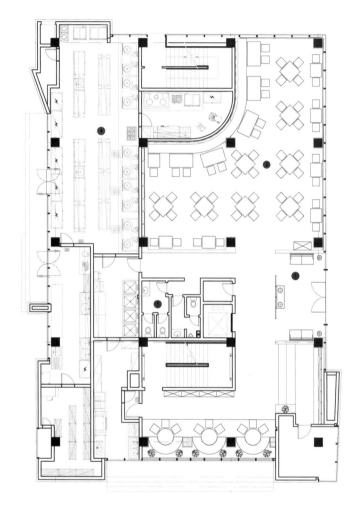

1. 接待区
2. 餐区
3. 包间
4. 操作区
5. 卫生间

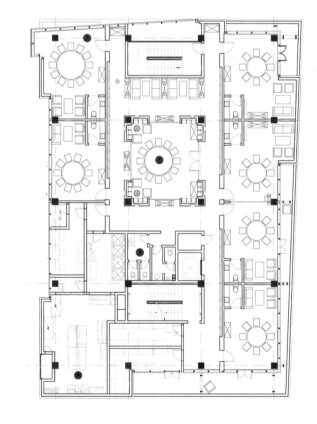

右1 顶立面的水墨字画带出一种自由感

左1 红色的灯罩与柱子上的刺绣花带来江南风情
左2 万种风情的古韵气息
左3 中式中也有西化摩登的就餐区
右1 豪华包间

华贸中心万豪酒店NOBU餐厅

NOBU Dinning Hall of JW Marriott Hotel

设计单位:中外建工程设计与顾问有限公司 / 设计:吴矛矛 / 面积:454 m² / 主要材料: 毛石、钢材、水磨石、马尼拉麻面板 / 坐落地点:北京华茂中心万豪酒店 一层底商 / 完工时间:2011年9月

本案位于华茂中心万豪酒店一层底商，NOBU餐厅作为世界一流餐厅的高端消费场所，定位要求其整体设计体现出不凡气质。因而此次餐厅的设计由外方设计，我们则在原基础上继续进行深化，做到餐厅平立面布置及材质的选择同外方建议始终保持一致。

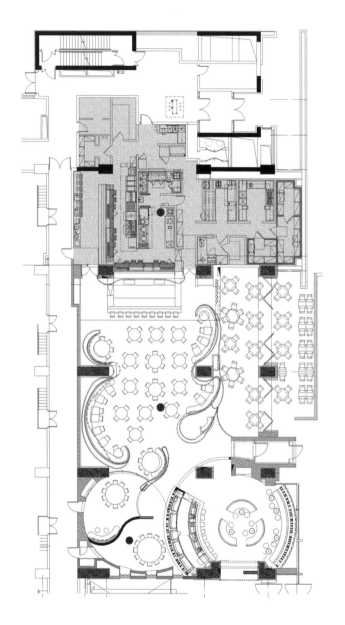

1. 餐区
2. 包间
3. 操作区

左1 餐厅外景
左2 沙发上的精美刺绣
右1 复古的餐厅大堂

左1 金碧辉煌的餐厅
左2 圆形吊顶与圆凳相对应
左3 拐角弧形楼梯
右1 餐厅入口处
右2 餐厅一角
右3 墙顶面的立体造型

风尚雅集餐厅 Fashion & Elegance Dinning Hall

设计单位:无锡市上瑞元筑设计制作有限公司 / 设计:冯嘉云 / 参与设计:高毅南 / 面积:1000m² / 主要材料:松木风化板、橡木板、黑洞石、柚木色地板、黑钢板 / 坐落地点:无锡广播电视集团新人楼 / 完工时间:2012年4月

本项目为多业态组合,风尚趋静的业态,为都市小资目标客群属地。所以在空间营造上趋于简约明畅,同时亦在文化意蕴上有所彰显。

首先,非常规的楔形总平加上咖啡简餐、书店、创意产品的组合业态,决定平面布局与空间动线处理上,要采取相应灵活创意。于是,通过大量斜线切割手法,并在虚实相间的隔墙、仪式感强劲的条形水景的自然区隔中,使各自业态属性获得相对的独立感,又在视觉逻辑中大气浑然,隽永的基调得到通盘贯彻。

在文化诉求中,甄选了明清金陵八家之一高岑的《江山千里图》进行了现代感的拼接,画风的简淡雅致,与清雅浑然的色彩材质表现,在形式上获得了高度一致,同时回归、知性、情调、个性的江南文化价值亦清晰展映,徒生了空间品质感。

最后,在陈设运用上,强调了对立与和谐,突出空间表情的丰富性,如朴拙的瓮、石磨、卵石、斑驳的老木头、轻盈曼妙的织灯、纤细的干枝、生态的绿植、小巧的文人山水小品等。

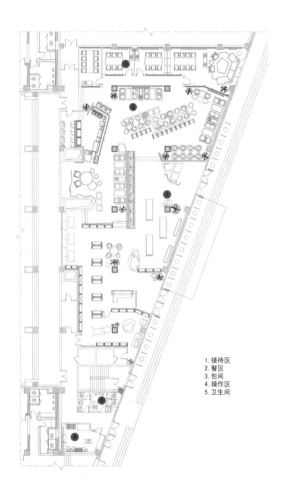

1. 接待区
2. 餐区
3. 包间
4. 操作区
5. 卫生间

左1 简约明畅的餐厅外立面
右1 顶部书法山水画彰显文化意蕴

左1 盆栽与大理石有一种大自然的风味
左2 整个餐厅简淡雅致
右1 生态的绿植点缀其中
右2、右3 书店

左1 餐厅包间
左2 整个空间休闲而有诗意
右1 盆栽渲染着小清新的感觉

"星连心"茶餐厅 Heart-to-heart Tea Restaurant

设计单位:HYID泓叶设计 / 设计:叶铮 / 主要材料:毛石、墙纸、木皮 / 坐落地点:海门、无锡、徐州、诸暨 / 摄影:刘鹰

"星连心"茶餐厅是一家为商务人士提供简餐的全国性连锁餐厅。餐厅规模不大,以自助餐为主要形式。餐厅在室内设计上力求简洁舒适,表达语言明确有力。并使每家餐厅在相同的经营理念与功能标准下,获有各自鲜明的环境体验,尤其强调餐厅的视觉享受,注意设计空间的品位。同时低廉的造价,便捷的施工,又是一大特点。

本文收集了"星连心"茶餐厅最新竣工的四个项目,它们分别是海门店、无锡店、徐州店、诸暨店。

海门店。概念明晰,空间中卷曲的界面造型,被再次进行拉伸、撕开,使脱开的错位空间产生出前后双重层次。并将撕开的形态作为空间背景,以深蓝色为底,突显出白与蓝的图底关系,即正形与负形的空间关系。而连续界面的无缝连接,又成为该设计的另一主要标志。

无锡店。黑色与紫色成为极具特征的主要概念,尤其是紫色的玻璃镜面,在空间中透露着浓郁的神秘气息,好似空间中游荡的精灵,映射着冥冥夜色之中的魅惑。而黑白硬朗的空间直线,又平添了一分男性的庄严与刚毅。照明更进一步体现出场所的理性与神秘。

徐州店。设计简洁含蓄,时尚而富有东方神韵的空间,表面上看似平淡却让人备感优雅温馨。设计者以细腻雅致的色调组合,富有诗意的光影层次,耐人寻味的材质搭配,及平行的垂直界面,共同构成了一幅浪漫静溢,且略带禅意的餐饮环境,使人在平常单纯中颇有回味。"简"已成一种空间气质,言简而意醇。

诸暨店。设计用意主要体现在空间造型的圆弧之中,通过圆弧分隔空间,通过圆弧自由地连续空间。圆润的概念在整体设计中一贯到底,无论是灯具陈设,亦或是界面的连接。富有光泽的金属帘将餐厅一分为二,当视线穿越珠帘时,空间若隐若现,虚实相生,并且黑白分明。

四处不同的餐厅,四处不同的特质,它们分别讲述着不同的概念与感受。这便是"星连心"的故事,不断地延续,不断地变化。

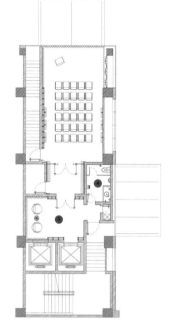

1.接待区
2.大厅
3.休闲区
4.卫生间

海门店

左1 底层入口
左2 餐厅一角
右1 白与蓝的关系
右2 卷曲的界面造型
右3 过道

1. 接待区
2. 餐区
3. 包间
4. 操作区
5. 卫生间

左1 大幅的黑白抽条画
左2 神秘的紫色镜面玻璃
右1 硬朗的直线空间
右2 刚毅的黑白色
右3 黑与紫的过渡与交融

1. 接待区
2. 餐区
3. 包间
4. 操作区
5. 卫生间

左1 金黄色的餐厅
左2 低调的餐厅入口
右1 静谧的一角

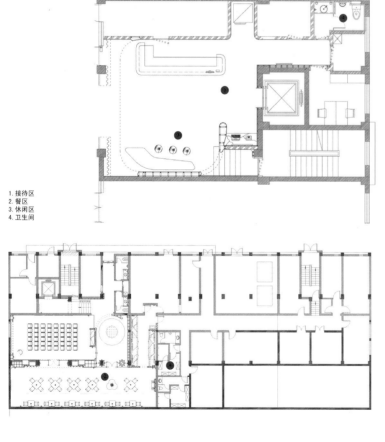

1.接待区
2.餐区
3.休闲区
4.卫生间

左1 入口接待处
左2 黑色镜面墙与橘色的灯罩
右1 顶部弧线与空间金属珠帘的分隔
右2 夸张有趣的造型
右3 纯白的家具与金属珠帘构成的视觉反差

汤城火锅城 Tasty Town Hotpot

设计单位:苏州叙品设计装饰工程有限公司 / 设计:蒋国兴 / 参与设计: 唐振南、李海洋、邢建辉、蒋少友 / 面积:1100m² / 主要材料:实木复合地板、灰色真石漆、灰色乳胶漆、灰色墙纸、黑色钢筋、黑色方管 / 坐落地点:新疆乌鲁木齐 / 摄影:蒋国兴

本案为现代新古典主义风格,简式奢华,雍容优雅而不失内敛。对于一个中式餐厅,中式装修风格已经有了太多太多,而此低调奢华的设计,让本案别具一格。

设计以沉稳色系为主,黑色的皮质沙发、黑色的钢管隔断、深色的实木地板,都让整个设计显得极其沉稳。本案设计师巧妙地利用地面的菱形拼贴和方管的交织,再加上金属的欧式吊灯以及色彩鲜艳的风景油画,从形式上、色调上打造沉稳中的鲜亮。黑色方管作为空间隔断,格子的菱角让整个空间更为立体,线条分明却又不失柔美。

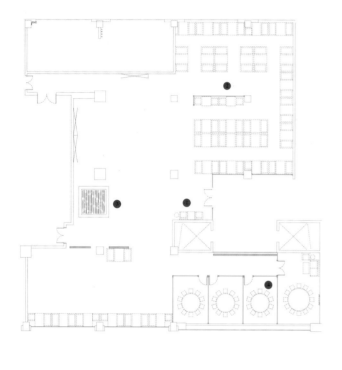

1. 接待区
2. 餐区
3. 休闲区
4. 包厢

左1 金色纹路装饰的窗格
右1 粗犷的黑色钢管隔断
右2 空间以沉稳的深色系为主

左1 鲜艳的油画成为沉稳中的鲜亮
左2 菱形拼贴的实木地板
右1 餐厅一角
右2 闪亮的金属欧式吊灯
右3 纵横交织的钢管

95/97-LOFT设计 **95/97-LOFT Design**

设计单位:宁波市新库房艺术品有限公司 / 设计:陆琴 / 参与设计:查波、陈波、俞蕾、任亚军 / 面积:600m² / 主要材料:地面水泥漆、水泥板、大花白大理石、瓦片、不锈钢、淤沙玻璃 / 坐落地点:宁波市西河街 95-97号 / 完工时间:2012年4月 / 摄影:刘鹰

95/97-LOFT是一个"大设计"的概念,接受项目目前已与几位投资商交流了许久。台湾来的徐先生和几位业主非常有品位,也极希望新库房能帮他们打造一个完整的时尚新地标。于是设计师与业主从品牌策划、业态布局开始,综合考虑了室内、陈设和视觉设计上不同的体验,让各种业态不同时段上唱着不同的,戏演着不同的角色,但同样精彩纷呈享受时尚。

入口大门及内庭更多地保留了原建筑的元素并与新装饰融为一体,使街的概念引入庭园,而三个子品牌全新感觉又与室外形成了强烈的视觉冲击,让每位顾客不断在不同的情景下感受时尚,感受美食,感受各种体验带来的快乐和惊奇。

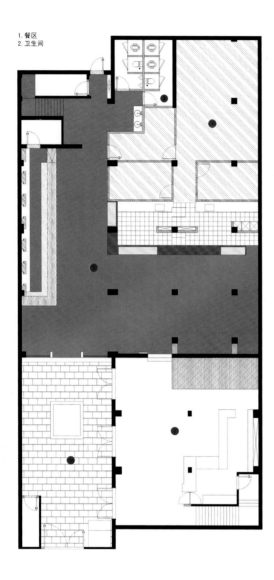

1. 餐区
2. 卫生间

左1 最具造型感的镜面不锈钢的门头与斑驳的墙面、锈迹斑斑的铁门形成鲜明对比
左2 院内黑框落地玻璃门时尚优雅
右1 瓦片叠加的墙面与不锈钢包边及色块装饰画形成对比

左1 店内蓝色墙面悬挂耀眼红色椅子式的装置艺术，白色餐桌与透明亚克力餐桌简约干净
左2 吧台采用LED与镜面不锈钢结合
左3 黑板餐牌卡通字样点缀了室内不一样的活泼情调
右1 店内清爽的黄绿色系充分展现店名"小满"的丰富含义
右2 店内整体配饰现代简约大气
右3 小满店墙面上时尚简约的现代卡通装饰画与木质家具搭配清新和谐

厦门清汤餐厅 # Xiamen Fresh Soup Dinning Hall

设计单位:厦门三佰舍装修设计有限公司 / 设计:方令加 / 参与设计：李少东 / 面积:550 m² / 主要材料:瓷砖、涂料、实木 / 坐落地点:厦门 / 摄影:申强

餐厅的环境和料理一样，清淡而朴素，既是现代的也是中国的。

因为大空间的关系，根据功能需求分隔为不同大小的各个方形空间，型体上并无做多余的修饰，以使整体框架显得纯粹和现代。墙角的黑边以使墙面不会被大面积的白色所融化，保护了墙角，也使空间的骨架上带有最为简洁的中国味道。

把对比强烈的或老或新的家具及摆件置入空间，使传统和现代在干净的空间中交错游走。

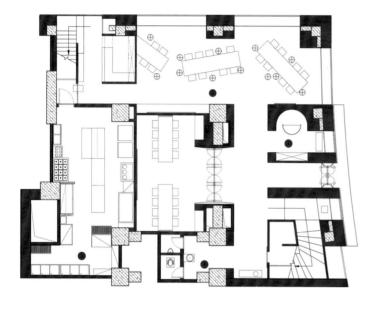

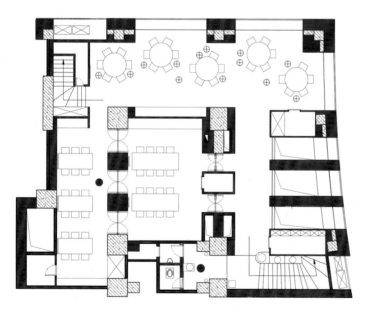

1. 接待区
2. 餐区
3. 操作区
4. 卫生间

左1、右1 不同角度拍摄的餐厅走廊

左1 由内及里，餐厅的全景
左2 餐厅入口走廊
左3 中间走道的区分极具线条感
右1 座位前矗立着的大窗户能让客人品尝美食的同时欣赏美景
右2 透露着简约中国风

外婆家上海华润店

Shanghai Huarun Shop of the Grandma's

设计单位:内建筑设计事务所 / 面积:1200 m² / 坐落地点:上海华润时代广场 / 完工时间:2011年11月 / 摄影:申强

当"味道决定一切"不再是评判餐厅的唯一价值取向,用"双眼来品味"似乎更能赢得感官时代的广泛认同。法国人亚历山大·卡马斯提倡的全新饮食价值观——"感食"(fooding),就是把"食物"(food)与"感觉"(feeling)拼合起来的新名词,也就是不仅要用舌头,还要调动眼睛等所有感官来领略美味,将美食、环境、服务等元素有机地组合在一起,唤醒顾客所有的感官作用,以整合的方式认知餐厅,使之真正成为享受生活乐趣的选择和来源。"外婆家"可以说深谙此道,上海华润时代店就以个性化的设计融合一如既往的"外婆"味道,网罗住一众拥趸。

餐厅占据了商场八楼东侧的转角区域,为规避原空间中自然采光不足,以及略显破碎的不规整平面格局,设计重新划分功能区域并组织流线,通过材料肌理的构成和细节表现,充满想象力地叙述空间概念,在满足商业需求的同时强调空间氛围、突出个性与品位的表达。

斜向入口以穿孔铁板包覆空间,LED灯光通过稀密相间分布不均的镂空孔洞透射出来,若空中洒落的点点繁星照亮这个内外空间的转换处,并将空间影像映显于光滑闪亮的铁板表面,虚实相融,温存却又略带神秘感,触动内心隐隐的好奇感。

转过入口,设计对原空间中狭长的走道善加利用,以满足更多餐位摆放的设计需求。内侧墙面则依然采用入口的穿孔铁板设计,延续空间整体感。面向商场电梯中庭的一侧墙面以落地大玻璃为室内引入一些自然光线。考虑到商场人流可能对就餐产生的影响,设计以玻璃覆膜来遮挡视线。膜上隐约印着的一排柱列图案,其纵向的线条在视觉上拉伸了空间高度,而当人流穿行而过,还为空间增加了几分行进感。

大面积就餐区域自走道尽端展开,但碍于建筑限制,餐位排布只能在迂转的"回"字形区域内进行。除了沿墙面布置了方桌,中间地带适时插入的一组组圆形卡座,以连续的弧线消减空间棱角,柔和流畅的线条带动空间走势。

设计重拾20世纪60年代太空时代设计风潮,打破缺少采光空间的沉闷,塑造怀旧又具未来感的趣味"幻想世界"。半球形的遮罩围合出更具私密感的就餐区,让人如同置身太空舱式的"第三空间",可以暂时逃离现实的纷扰,舒服地放松自我。亮银色皮革软包,依六边几何造形块面拼合,丰富肌理表象。倒挂在屋顶上的椅子,仿佛在太空中失去了重力,也成功分散了人们对裸露管线的注意力。

时尚的未来感、温暖的怀旧、无限的想象平衡着表象的审美形式与精神内涵的和谐关系,设计就是有能唤醒前所未有的冲动,让人产生无论如何都想要拥有的"欲望"的魔力,刺激人产生食欲也是它的表现之一,感受到了吗?

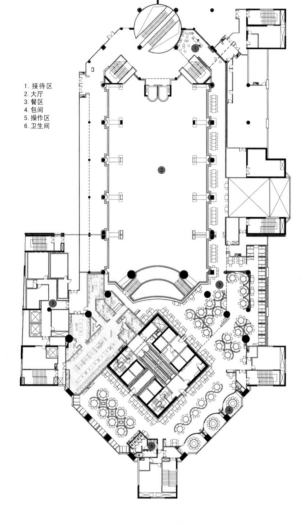

1. 接待区
2. 大厅
3. 餐区
4. 包间
5. 操作区
6. 卫生间

左1 餐厅一角
右1 新颖的餐厅大堂

左1 木质的桌椅别有一番韵味
左2 倒挂在屋顶上的椅子仿佛失去了重力
左3 裸露管线的工业式屋顶
左4 淡黄色的光将神秘感进行到底
右1-右3 餐厅不同区域的展示

57度湘虹口龙之梦店

Hongkou Longzhimeng Shop of 57°C TEPPANYAKI Xiang

设计单位:杭州山水组合建筑装饰设计有限公司 / 设计:戴朝盛、黄秀女 / 面积:600 ㎡ / 坐落地点:上海虹口区西江湾路388号凯德龙之梦 / 完工时间.2011年11月

57度湘龙之梦店是长沙餐饮名店立足于上海后的连锁店之一。上海作为一个国际化大都市,繁华背后,高强度、快节奏的生活频率总让人们想逃离现实,给自己喘息的机会。

设计从需求出发,以一种放松的心态,试图让设计能够与环境交流,尽量去接近自然。天空、小鸟、斑驳的砖墙、电线杆、旧皮箱、屋檐流水,无处不透着儿时的记忆,让怀旧之心澎湃起来。

多样的象征、装饰、姿态、材料以及色彩,通过它们之间存在的差异,创造出氛围和激情,来表达一种可以打动人的平和。

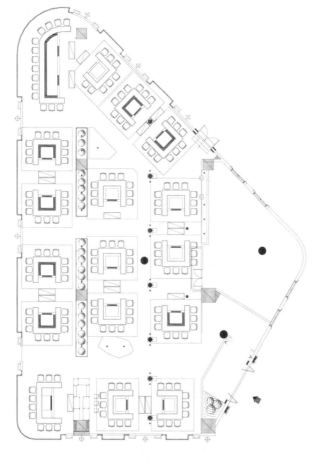

1. 接待区
2. 餐区
3. 操作区

左1 餐厅外立面及logo
左2 餐厅外具有复古特色的墙面
右1 弥漫着怀旧的气息

左1、左2 蓝蓝的天空、斑驳的砖墙、电线杆、旧皮箱、屋檐流水,无处不透着儿时的记忆
左3 多样的象征来表达一种可以打动人的平和
右1、右2 餐厅内充斥着文化气息

北京宴 **Beijing Feast**

设计单位:杭州山水组合建筑装饰设计有限公司 / 设计:芮孝国、沈斌、龚杨月 / 面积:15000 m² / 坐落地点:北京西三环 / 完工时间:2012年6月

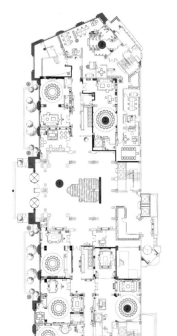

1. 大厅
2. 包间
3. 卫生间

"这是北京的奢侈主义,或者说是奢侈的北京主义。她是一场融汇经典的时空之宴,她就在那里,她是北京宴。"

事实上,你可以这么认为,设计师将所有的建筑与装饰语言,都是尽力使"北京宴"这三个字名副其实。设计师本着具有北京的强烈场所精神,以及其作为中华文明的首善之都,采用严谨而齐整的对称结构,完全遵循了中国的古典审美。主入口的设计鉴用了传统牌楼的经典恢宏意象,盘坐石上的一对神鹿仿佛来自中国神话,而赫立门府的中国结又令整座建筑充满了北京味。

她又是一座功能纯粹的"宴",这个在西方被译为"PATTY"的词语,同样是西方将她的聚会形式与奢侈内涵极致演绎,在漫长的历史走廊中臻至完美。设计师在建筑与装饰的语言上撷取了西方古典建筑语汇,采用Art Deco立面设计,经典石材与水纹铁艺相结合,内部公共区域及走廊采用意大利手绘漆,以此契合人们对名流宴会、时尚派对的奢侈想象。

在这座奢侈华贵的殿堂,富丽堂皇是她与生俱来的本能与追求,拥有61个包厢及一个宴会厅。中式的山水挂画、夸张的水墨毛笔、鹿群的雕塑工艺,局部艺术雕花用金箔加以修饰,中西文化在这里盛大汇拢聚合,诠释出一种包容万象、具有全球色彩和当代主张的中国娱乐精神——"北京宴"。

左1 豪华外立面
右1 神鹿的陈设霸气中透露着大自然的气息

左1 欧式豪华套间
左2 包间一角
右1 豪华套间
右2 表框内折扇的陈列，有种复古的韵味
右3 壁炉上的雕花以金箔修饰

左1 色彩浓烈的包间
左2 奢侈华贵的空间
右1、右2 古典风格不同区域的展示
右3 整个厅内富丽堂皇中却又不失北京味儿

无锡荡口迎宾大酒店　Wuxi Dangkou YB Hotel

设计单位:杭州历程装饰设计有限公司 / 设计:卢文伟 / 参与设计：鲍菁、谢斌、丁铃巧 / 面积:3000 m² / 主要材料:胡桃木饰面板、青石板、壁纸、仿古地砖、复合地板、抛光砖、马赛克 / 坐落地点:无锡荡口 / 工程造价：800万元 / 完工时间:2011年12月 / 摄影:文宗博

该酒店位于无锡荡口鹅湖镇，原江南文化背景可谓深厚。由于历年改造和城乡差距的缩小，原有的文化历史已存不多。业主要求设计一家具有传统文化的酒店，好让这一脉络有所推广。

将江南园林建筑符号与线材建筑中的使用功能有机结合是该酒店设计的主脉。从步入大厅的一瞬间，就能看到为酒店设计的共享空间，三组串连精湛的工艺灯笼，向客人迎面展开。步入餐厅后，则是小桥流水、亭台楼阁的影子，充满着江南风情。在这样的环境入座就餐，好不惬意。

二层是包厢区，过厅采用间接型悬挂式照明灯具，从顶棚悬挂下来，配合装饰设计给人创造一种愉悦、好客的氛围。在不断完善和满足包厢功能的前提下，采用了轻装修重摆设的手法，着重体现传统文化，让客人不断寻找失去的记忆。

三层是当地最大的宴会厅，可同时满足70桌（1000人）就餐。整个设计充分注意到人在就餐中的心理特征，能同时适应各种活动，利用组织手法来表达文化品位的意念，让整个空间流畅着简练，显得洁净而富有生气。

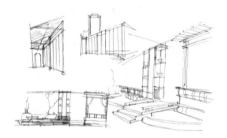

1. 接待区
2. 餐区
3. 包间
4. 操作区
5. 卫生间

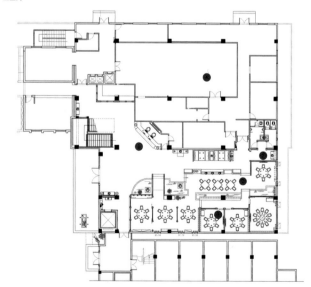
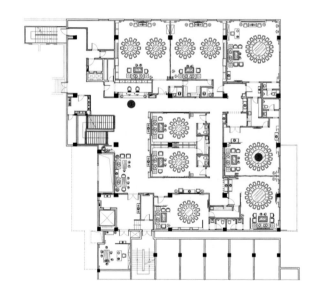
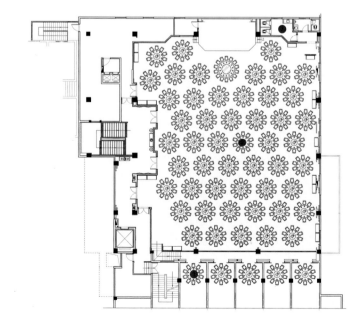

右1 大红灯笼高高挂

左1 悬挂式照明灯具串连起过道
左2 不同高度的地坪界定出不同的就餐区域
右1 江南风情的小桥流水和亭台楼阁
右2 大型宴会厅

HBO电影主题餐馆 HBO Movie Theme Restaurant

设计单位:无锡上瑞元筑设计制作有限公司 / 设计:孙黎明 / 参与设计：陈凤磊、陈贝、陈浩 / 面积:450 m² / 主要材料:大理石、电镀不锈钢、绿可木、皮革打印图案、墙纸打印图案、白影木、水曲柳浮雕板、老木头 / 坐落地点:无锡解放西路小尖上2号 / 完工时间:2012年2月

项目业态定位、风格诉求，都源于"HBO"业主陈先生的情结——欧美范儿、经典电影，还有那种"地道伦敦腔"里散发出来的贵族气息。但显然，这仅仅是构成HBO 电影主题餐馆预期的基本精神准备。通过近两周剥茧抽丝的方案调整，以及对目标消费群的消费习惯与价值观分析，"终极版"方案终于出炉——一个能让很多本埠人看得懂的欧美风尚餐厅、一种流溢"奥斯卡"情境的空间味道、一套"做实"的元素组合、一种夹裹怀旧的厚重不失清扬的空间气质，让目标群获得既精致又放松又饶有兴趣的身心体验。空间设计上，充分重视陈设的主表情作用，力求丰富、饱满，而装修则成为背景，为陈设精彩提供恰如其分的舞台——主材的持重含蓄、色彩的肌理自然、结构的大气朴茂。更多的是来自电影界的细节，海报、胶片、老式电影机、影人肖像、唱片、"那个年代"的自行车等，有应用要素的呈现，更有平面设计的巧思。勾兑出属于好莱坞、属于新浪潮、属于爵士乐、属于似水流年的红酒，隽永而温情绵绵，在记忆的共鸣里让消费时光成为心灵之旅。

1. 接待区
2. 餐区
3. 包间
4. 操作区
5. 卫生间

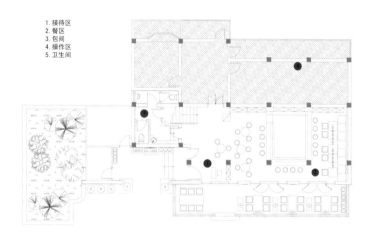

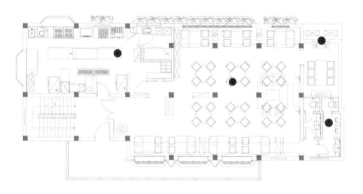

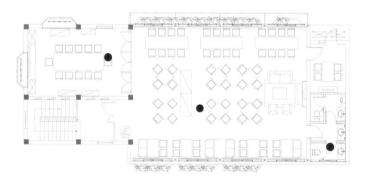

左1 充满童趣的游戏
左2 属于两个年代的自行车
右1 厅内摆满好莱坞明星的照片，让人追忆似水年华

左1 顶部电影片段胶卷的契合贴近餐厅主题
左2 老式物件夹裹着怀旧厚重
左3 清爽的空间用色
右1 用着餐、欣赏着老片，在记忆的共鸣里让消费时光成为心灵之旅

外婆家杭州大厦店　Hangzhou Tower shop of the Grandma's

设计单位:杭州内建筑设计事务所 / 面积:835 m² / 坐落地点:杭州 / 完工时间:2012年1月 / 摄影:申强

步入外婆家，依稀勾起了童年美好时光的记忆。

做旧的斑驳古墙上嵌着的花格窗，让人有推开窗一窥内里究竟的冲动。光源隐在天花悬吊下来的长条木板中，和下方的长条厚重木桌面相呼应，偏暗的照明正是为了符合记忆里外婆家一盏小黄灯却温暖了一个孩子的场景暗喻。木质的墙面，麻布面料的椅子，构筑了一个纯朴、单纯、温馨的空间。

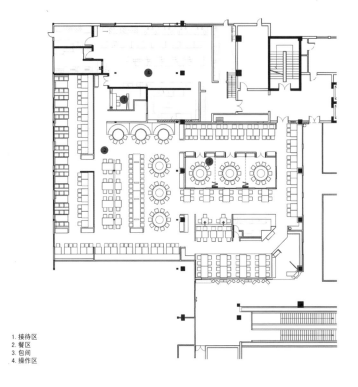

1. 接待区
2. 餐区
3. 包间
4. 操作区

左1　充满生态的餐厅外立面
右1　麻布面料的椅子，构筑了一个温馨的空间

左1 顶部暴露的管架带来拙朴感
左2 花窗引入走道的光线
左3 涂鸦黑板
右1 斑驳古墙好似回到了外婆家
右2 光源藏在悬吊下来的木板中
右3 餐厅一角

恒龙浮尘设计研究院

Henglong Fuchen Design and Research Institute

设计单位:苏州浮尘设计工作室 / 设计:万浮尘 / 参与设计: 唐海航 马鑫 / 面积:500 m² / 主要材料:H型钢、钢板、旧木板、白色鹅卵石、汽车漆、乳胶漆、遮光帘、明代老家具、旧办公家具、枯树、鸟笼 / 坐落地点:苏州平江区娄门路266号中创创意园7-102 / 工程造价:120万元 / 完工时间:2012年6月 / 摄影: 潘宇峰、万浮尘

低碳、环保、节能、再利用的设计埋念将一个老厂房改造成一个现代的富有创意性的办公空间。

白色作为空间的主基调，界定了简约优雅的空间氛围，大型白色旋转楼梯踏步的设计是此空间的设计亮点，采用折扇打开的传统设计元素进行演变设计，简洁流畅的线条，犹如一把打开的折扇又仿佛是一个少女飘逸的裙摆，不仅给人以美好的视觉享受，也扩展了空间的视觉冲击力，同时兼顾阶梯教室会议的多功能。办公区域，枯树、鸟笼、白色鹅卵石、明代老家具等这些原生态的设计元素，在设计师笔下挖掘整合运用，塑造了一个温文尔雅的办公环境。会议室，设计师特意寻找一个空间能容纳这种低调、新古典的蓝色空间，可茶歇可交流可会议，在一楼兼做了一个可交流就餐的小餐吧。

1. 接待区
2. 办公区
3. 会议室
4. 高层办公室
5. 生活区

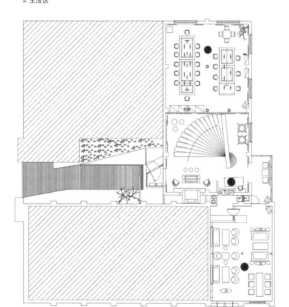

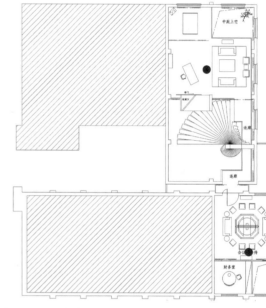

左1 建筑外观
右1 大堂

左1 建筑外观
右1 大堂

艾奕康上海办公室 Aecom Shanghai Office

设计:陈铮 / 面积:6404 m² / 主要材料:大花白、腊克漆、地毯、木材 / 坐落地点:上海市南京西路1717号会德丰大厦 / 宗工时间:2011年 / 摄影·沈忠海

作为一个在中国的巨大市场中发展的跨国公司,AECOM上海新办公室的室内设计承载着建立强有力的企业形象和品牌意识的责任。新办公室可容纳将近500名员工同时办公。

设计思想以空间感来反映创新是本项目的特色,我们提出了一个开放的平面方案,用现代简洁的线条烘托出精致高雅的氛围。玻璃隔断提供充足的光线并创造了一个延展的空间效果,而再生木材制作的长椅和平台创造出公共空间并培育出有利于促进团队协作的环境。

设计重点放在了大堂和前台区域,传达出一家接待世界级客户的公司所具备的国际水准。其宽敞大堂的优点是能够迅速吸引访客的注意,长长的花岗岩前台加上白色地面,创造了一种时尚新颖的风格且充分说明了公司的国际业务和全球规模的强大影响。为了能够创建一个友好的氛围,开放的公共区域和茶水间贯穿整个办公室,以此来鼓励员工之间进行一些轻松随意的讨论和互动。设计打破了一般企业办公室把重点放在办公和会议功能上的传统,将办公和开放休闲公共区域巧妙融合在一起,这些开放空间产生了一种"社区"文化感并且能够体现同事间的情谊。

设计理念的核心在于——聪明的设计可以改变一个公司及其工作生活方式。从引人入胜的走廊到公共休息区再到贯穿三层楼的气派楼梯,都体现出这一宗旨——提供温馨的工作环境,使员工热爱自己的办公环境并且有种宾至如归的感觉。公司利用开放的公共区域进行小组讨论、举办员工派对或者其他活动,有助于鼓舞士气,让员工更轻松、更有创造性、更好地工作。

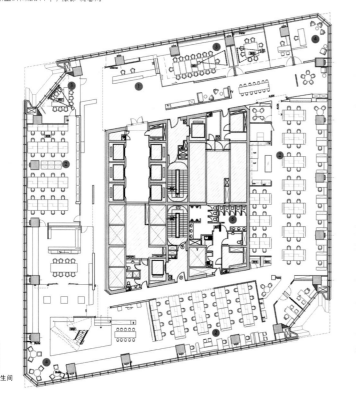

1. 接待区
2. 办公区
3. 会议室
4. 休息区
5. 公共卫生间

左1 简约造型的椅子
右1 长长的花岗岩前台
右2 玻璃隔断提供充足的照明

左1 通透的空间
左2 顶立地面的木体块错落布置
右1 舒适的员工休憩区

左1 贯穿三层楼的气派楼梯
右1 开放的空间
右2 优雅的小茶水间

上海半千舍建筑装饰设计有限公司（上海）总部

设计单位:上海半千舍建筑装饰设计有限公司 / 设计:贾怀南 / 参与设计：童禹轩、陈俞 / 面积:120 m² / 主要材料:GRG玻璃纤维增强石膏、原木地板、有色漆、涂料 / 坐落地点:上海红坊艺术聚集区 / 工程造价:30万元 / 完工时间:2010年 / 摄影:贾怀南

Banqian House Co. Ltd. (Shanghai) Headquarters

或许，当眼前的一切还是厂房一角的时候，设计师的心中早已浮现出了一个美轮美奂的艺术构想。随着绘图纸上铅笔的行进，上海第十钢厂留给我们的，已不再是建筑结构的限制，而是文化与环境意象的延展，"一滴水"，20人的创意世界，这就是半千舍设计公司总部独有的空间表情。

设计的灵感核心来源于水滴，水滴而石穿——执着，让再小的力量也能大有作为！这应该就是整个设计的灵魂所在，也是工作于其中的设计者们，一种内心本源的思想寄托。

利用原有的厂房钢结构建立夹层空间，使"偷面积"变得更有趣味，本来蹩脚的结构梁也变成了多人合用的工作台，楼梯更是隐藏于"水滴"当中，很好的解决了垂直交通的流线问题。走入水滴的"腹内"，穿越红色的阶梯，冷静与激情瞬间形成了强烈对比，执着与退想在心中蜿蜒，一步一洞察地走上二层，设计艺术的向往也由此展开:

钢筋铁骨交错横斜，似乎每一个棱角都在向来访者诉说着"前身"，创意可以来得如此"露骨"，不加修饰，让灵感纯粹呈现。毕竟，这里的曾经过往，总给人以无限怀想，如今更为设计师的思维平添了许些脉络。

合理的运用和优化，使各种遗留下来的建筑部件变"废"为"宝"，将空间的可持续利用发挥到极致。正如原有的三角坑堑变成了温暖而热情的"巢"，当然，你也可以当它是整合意念的"小窝"或是激荡思想的"战壕"，隐喻这里将会孕育并诞生无数个关于空间的杰作。

工业的筋骨，艺术的气韵，刚柔相济，灵动天成。就像设计公司的工作室，可以是科学缜密的生产线，也可以是流觞曲水的园游会，空间，在承载建筑功能的同时，也在彰显着人的姿态……

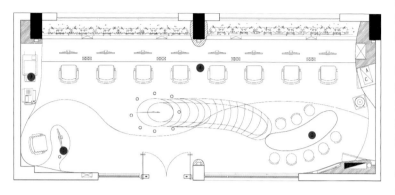

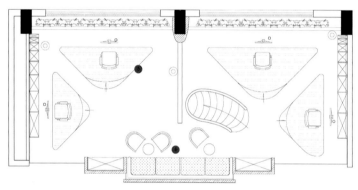

1. 接待区
2. 会议室
3. 生活区
4. 办公区
5. 高层办公室
6. 休息区

左1 交错横斜的钢筋铁骨
右1 红色楼梯隐藏于水滴中

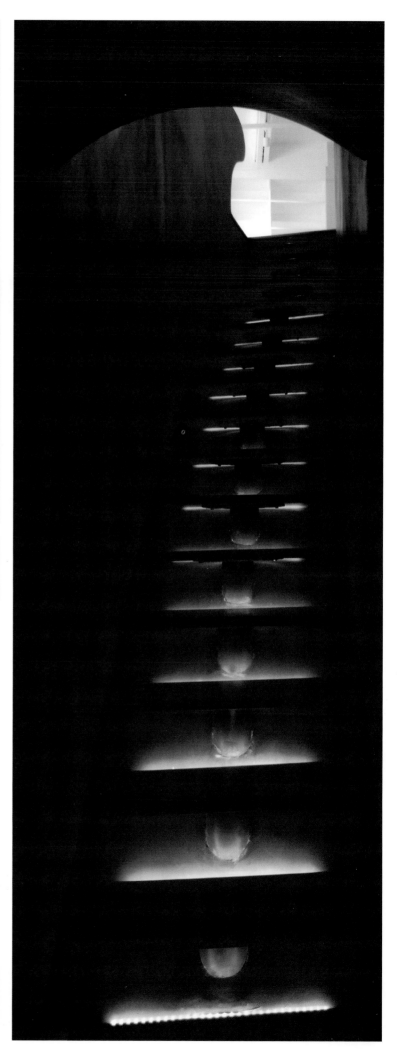

左1 冰冷的金属色中也有绿意
左2 造型独特的办公区
左3 热情洋溢的红色楼梯
右1 木材的运用增添了几分温馨
右2 三角坑变成了思考的小巢

小菜一碟—万联药业办公总部

Wanlian Pharmaceutical Co. Ltd.(Head Office of Zhejiang)

设计单位:宁波市高得装饰设计有限公司 / 设计:范江 / 参与设计:崔峰 / 面积:760 m² / 主要材料:白色环氧树脂、微晶石、抛光砖、花岗石、大理石、彩色弹性涂料、白色乳胶漆 / 坐落地点:宁波 / 工程造价:100万元 / 完工时间:2012年 / 摄影:潘宇峰

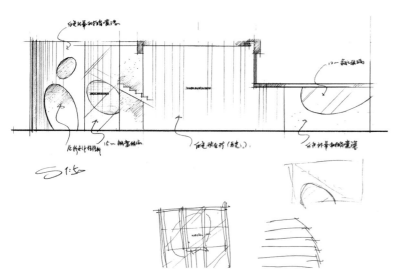

手绘创意效果图

左1 大厅顶部绕梁划出一个不对称的椭圆造型
左2 白色镂空墙体
右1 纯净的白色为主色调

业主希望他的办公总部是一个具有现代时尚气息的空间,这不是小菜一碟的事?刷刷刷,两小时,搞定!

药厂的办公楼共分三层:一层接待大厅,二层会议室和管理人员办公区,三层总裁办公室。通过流线型方式暗合胶囊的形态去形成一个非常严谨圆润的架构,大量的弧线如生命的舞动旋律,玻璃通透洁净,色彩搭配浅悦,细节设置富有情趣,体现健康与充满活力的主题。

一层的主楼梯改成弧形,一层的挑高有6m,设计了一个夹层做大办公区以补充使用面积,空间层次变化丰富。背景墙镂出两个胶囊状剪影,可以看到楼梯下的水池,弧形背景墙流线地划向里面空间——内外与引导。

接应台如一个裂开的胶囊,想象那颗粒状的药粉飘浮上去,高低不一就像顶面一盏盏白色的半圆吊灯——象形。

背景墙上镂有一个胶囊造型,内贴灯光膜,可放置LOGE,下面则是接应台的这个"胶囊"——虚实。

一层大梁较低索性予以暴露,绕梁划出一个椭圆造型,形成不对称的大小两半,大半的吊顶下吊30cm,灯光打在外周,而小半的吊顶上升30cm,灯光打在里面——正负。

夹层的办公区通过胶囊状的玻璃长窗可以看到一层,办公室与办公室之间的隔断中间有半椭圆的玻璃——看与被看。

走上楼梯一眼就看到了二层的会议室,会议室是用玻璃围出来,一个提升的胶囊,其它空间安排均依此来展开,如展示厅、副总办公、财务室等——画眼。

色彩以白色为主,象征纯净;苹果绿,象征健康和勃勃生机——清新。

象征药物的橙红色胶囊图案写真在多处玻璃上若隐若现——点缀、对比、深化主题。

地面以白色微晶石为主,高光的反射使静面如湖水一般,宁静而一尘不染,映在上面的倒影仿佛被虚化,空间的纯度得以提升。然而纯白太多会轻飘,深灰、黑色的塑胶地砖与黑色石材的局部应用则将"轻"压了下来——沉淀。

从方案上看近于浅拙,施工起来却是玄机重重,简约却暗存心思片片。设计犹如做菜,我们往往只看到了菜品的色香味俱全,厨房里褪鸡毛宰鸭剖鱼剁肉摘菜削皮剥蒜及客户搞不清的各色菜系旁枝末节之事,时而辛苦时而无聊就不一一累述,唯有记住不过是小菜一碟才可继续做设计。

左1 象征药物的橙红色胶囊写真图案在玻璃上若隐若现
左2 玻璃围隔的会议室
右1 半椭圆玻璃形成看与被看
右2 健康清新的苹果绿色

大华银行（中国）有限公司北京分行

设计单位:北京包达铭建筑装饰工程有限公司 / 设计:袁伟超 / 面积:920 m² / 主要材料:意大利木纹石、玫瑰金不锈钢、手工地毯、壁纸、木饰面 / 坐落地点:北京市朝阳区光华国际中心 / 完工时间:2011年 / 摄影:孙翔宇

Beijing Branch of UOB (China) Co. Ltd.

大华银行是亚洲的主要银行之一，总部位于新加坡，其北京分行位于北京市朝阳区远洋光华中心C座1F和2F。

大华银行在华业务包含对公、对私及私人理财业务等几个方面。我们参考大华银行在华业务各个部分的比重及客户提出的设计需求，开展相关的设计工作。

设计过程中在整体空间的规划上，将1F西侧及2F东侧较私密且交通灵活的区域设计为私人理财业务区域；1F东侧为对私、对公、ATM及非现金业务区。在人员流线的考虑上，既确保了业务大厅的开放、便捷，又确保私人理财区域的私密性。在材料的选择上，大面积使用质感及颜色较为轻盈且中性的材料，如意大利木纹石材、壁纸、手工地毯等；重点部位搭配橡木、玫瑰金不锈钢及灰镜提升整体空间的质感。为客户营造出与其他银行不同的使用感受。

对灯光的选择及控制上，在满足国家对于银行业的相关规范标准的前提下，使用直接照明与间接照明相结合的设计手法，配合不同质感的材料，营造出轻松、愉快的空间氛围。在光源的选择上，使用了大量的绿色、低能耗的LED光源，体现出大华银行作为亚州银行业的主要银行在环保方面所应尽的义务与责任。

大华银行项目完工投入营业后，作为北京区总部正竭力为客户提供最优质的服务，体现出大华银行独有的性格和待客之道。

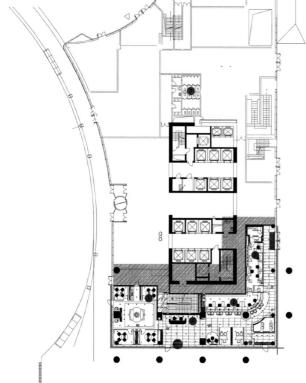

1. 接待区
2. 办公区
3. 会议室
4. 休息区
5. 公共卫生间
6. 生活区

左1 理财区入口
右1 柔和米色调营造轻松氛围

左1 富有质感的手工地毯
右1 照明上使用低能耗的LED光源
右2 局部搭配的木材提升整体质感

星奥投资办公室 # Starlake Office Building

设计单位:C.DD（尺道）设计师事务所 / 设计:杨铭斌、何晓平、李嘉辉 / 面积:463 m² / 主要材料:木材、镜面、乳胶漆 / 坐落地点:广东肇庆

该办公楼分为1F展示厅和2F办公区域。展示厅的设计概念源自当地的地势，背景墙依托于地形高低起伏形态的概念，充满建筑外立面的刚烈线条和钻石切割面，使整个形态成为空间的焦点。延伸至中心的规划模型，突出该品牌从事开发的项目特点。办公空间则以流动的线条划分功能空间，使得一个四分之一的半圆格局空间充满着动感。采用反形的设计手法处理，使接待大堂空间的划分显得大气而新奇。

空间的穿插划分增添了空间的延伸性，使空间更具张力。

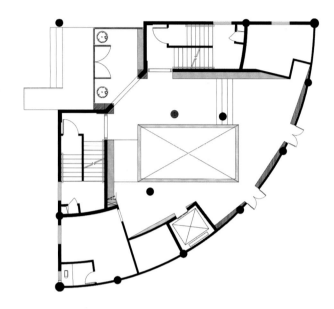

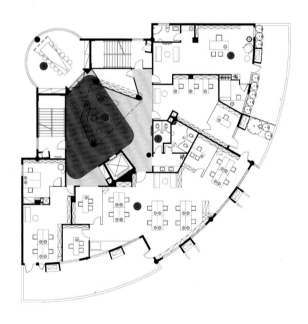

1. 展示区
2. 接待区
3. 办公区
4. 会议室
5. 公共卫生间

左1 富有气势的大门
右1 接待大堂

左1 新奇的大堂空间划分
左2 通透的空间
右1 如钻石切割面的墙体造型
右2 规划模型展示区

杭州金白水清·悦酒店设计有限公司办公室

Office of JIN BAI SHUI QING Hotel Design CO. LTD. HangZhou

设计单位:杭州金白水清悦酒店设计有限公司 / 设计:徐晓丽 / 面积:2000 m² / 主要材料:硬包、玻璃、青砖、铝管、木地板 / 坐落地点:杭州涌金广场六楼空中花园 / 完工时间: 2011年11月 / 摄影: 徐晓丽

本案位于杭州闹市区的延安南路涌金广场六楼的空中花园内,办公空间由一家废弃的花园茶楼改造而成。

设计保留了原空间的顶部框架结构和内部绿化,使办公空间个性得以突出。同时保留和整修了原有植物,并运用玻璃隔断使其与空间融为一体,使得整个办公空间充满生机。

顶面采用高科技隔光隔热膜与原有弧形钢构架结合,充分保留了室内的高度及视觉上的通透性,极具建筑感的顶棚使视觉上具有强烈的空间延伸感。

采用开放式的空间构成方式进行设计。办公室各功能区域之间,采用高度一致的硬包和玻璃进行空间分隔,这种流通的空间,既保证视线的开阔性,又使各空间相对独立。错落分布的隔断,增加了空间的丰富性和层次感。

在材料上大面积地使用麻面硬包、灰色木地板、竹板办公桌面板,使整个空间的格调低调而素雅。再加以绿色调的椅子作为点缀,与环境中的植物相互呼应,充满了活力与朝气,给办公者带来轻松舒适的办公体验。

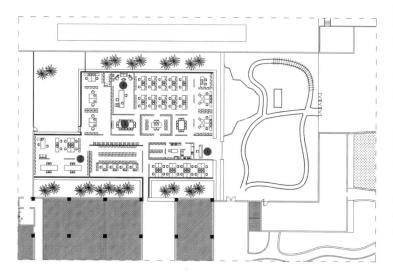

1. 接待区
2. 办公区
3. 会议室
4. 休息区

左1 企业标志背景墙
左2 用高度一致的硬包进行空间分割
右1 顶面采用隔光隔热膜和原有弧形钢构架相结合

左1 室外绿意引入室内
左2 顶棚使视觉具有强烈的空间延伸感
右1 会议室
右2 既开阔又相对独立的各空间

惠州TCL电器集团多媒体事业中心办公空间

设计单位:深圳市易工营造设计有限公司 / 设计:张智忠 / 参与设计:练华文、苏华群、吴洪伟、王盛、易超、庞沙沙 / 面积:4500 m² / 坐落地点:惠州仲凯大道 / 完工时间:2011年7月 / 摄影:张智忠

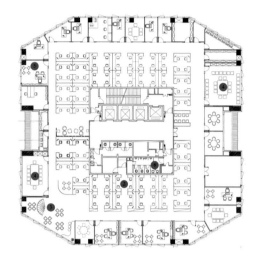

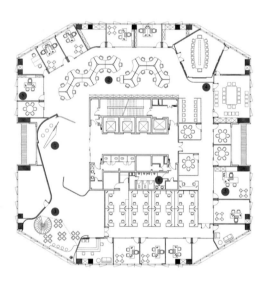

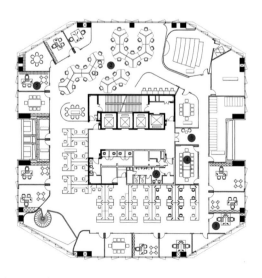

1. 接待区
2. 办公区
3. 休息区
4. 会议室
5. 高层办公室
6. 公共卫生间

Office Space of multimedia business center of TCL Group

多媒体事业中心是TCL集团公司最重要的部门,它承担了国内所有多媒体互动电器的研发、市场及销售的重要功能,是公司的核心机构,主要办公群体均为80后的年轻人。室内设计采用现代风格,充分体现现代办公的开敞、便捷、功能流畅的特征。

入口处大尺度的"TCL"集团标识,具有极强的视觉冲击力。既强化了标识,又突出了企业文化及员工的自豪感。入口处自由的曲线造型表达轻松人性化的办公氛围,旋转楼梯的墙面采用树的剪影,给原本枯燥的办公环境增添了几分情趣。

大空间办公采用开放开花吊顶形式,灵动的曲线造型让人联想到云朵,自然调节了情绪。

平面布局以自然的动线曲线组织空间,紧疏有序,节奏感强。打破了传统的呆板布局,由重要的接待区过渡到小型中庭空间,达到多层空间之间良好的沟通。弧形楼梯亦具备一定的展示性。

整体设计风格统一,色彩以灰度为背景色。开放的造型,稳定的色彩,普通的选材,通过造型及灯光来营造氛围。这也成为了TCL集团的设计标准。

左1 墙面上树的剪影
右1 超大尺度的集团标识

左1 镂空隔墙
左2 色彩以稳定的灰度作为背景色
右1 盘旋而上的楼梯
右2 灵动的云朵状开花吊顶

桢一堂橱柜设计工作室

Zhenyitang Cupboard Design Studio

设计单位:厦门徐福民室内设计有限公司 / 设计:徐福民 / 面积:76 m² / 主要材料:锈铁、地塑、多层复合板 / 坐落地点:福建厦门 / 完工时间: 2011年7月 / 摄影:吴永长

本案是一个橱柜设计工作室的办公空间,由于行业特性的要求,在76m²的办公空间内既要满足办公的基本诉求,同事亦要兼顾部分展示的功能性需要,因此在空间性质的把握上需要在两者之间寻求一个平衡点,从而实现办公和展示的双赢。

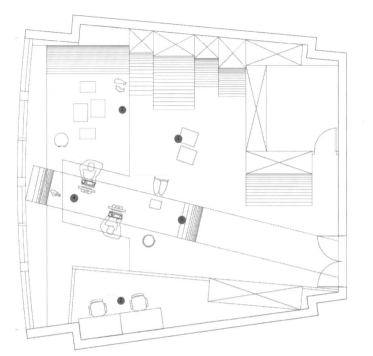

动静
不同于一般写字楼办公室的设计,专业性质较强的工作室可以有展示自我个性的众多途径,正如这个"亦动亦静"空间。

本案设计的主体,就在这个正对入口处的大型多功能工作台。这里既可作为设计师进行创作的工作台,又可根据实际需要,灵活变化成为小型会议桌、咖啡桌、酒吧台等。在整个相对静态的空间内,由地面缓慢升起的流线型桌面不断延伸,随后以一个急转弯的形态迅速扭转向天花,最后以波浪渐止的走势完成整个动态的行进。整体线条流畅,配以旁边同样是曲线造型的洽谈区,如海浪,如乐曲,将安静、规整的空间,带入充满韵律的感官世界中。入口处天花上,零星悬吊的几处飞翔状的海鸥吊饰,也为空间营造出动态的视觉效果,象征着想象力的自由翱翔,也给人以轻松、趣味的认知。

轻重
空间的轻与重,主要是视觉上的一种体验。本案希望可以营造一个有个性、有趣味的非均质空间,因此在视觉的轻重落差上,通过部分装饰材质,以及形态的特殊处理来实现。

曲线可以使空间"变轻",因此曲线可以给人的情绪带来轻松的、节奏的、无拘束的感觉,因此,设计中采用了大量曲线的处理手法。如多功能展示台,虽然其材质采用的是经过锈蚀的铁板,朴实而冰冷,坚硬且厚重,但曲线造型却能有效地柔化其材质的"重",达到了视觉平衡的效果。洽谈区和立面展示区,也是曲线处理的重点部分。

在地面材质的处理上,也采用了被称为"轻体地材"的卷材地板。由于其拥有较强的柔韧性及可塑性,大大减轻了因为深色仿木纹样式而给人带来的厚重感受。

在软装装饰方面,瓦楞纸制的矮凳,以及白色人形靠椅等,都给人在视觉上带来了轻质的体验,很好地中和整体深色的空间色调。

明暗
设计整体采用了暗色的色调处理,深色木纹肌理的里面、地板,黑色的天花等,在突出设计感的同时,往往会给人带来压抑的感觉,因此,照明的处理显得尤为重要。为了切合空间性质,如果采用过强的灯光照射,就会破坏整体的设计氛围,因此设计主要采用点光源为主,灯带为辅的方式。这样不仅能突出重点,更能营造整体的设计氛围。

除了灯光部分,在空间整体结构方面也有明暗布局。虽然面积较小,但功能性依旧是主导。因此,在确保功能性不缺失的同时,又保证空间内视觉的完整性,设计将制图室以及储藏室等功能空间,都进行了巧妙的,且相对隐蔽的处理。这样一来动静区划分清晰,相对独立,不受干扰。

铁锈、地塑、多层复合板等一系列廉价材料扭曲折叠的应用组合,配合上精选的钢材方几、瓦楞纸制矮凳、不锈钢台灯、银制小狗(设计师属狗)和海鸥吊饰等设计元素,共同营造出动与静、轻与重、明与暗的复杂空间体验,立体构建出令人耳目一新的设计工作空间。

1. 大厅
2. 办公区
3. 生活区
4. 会议室

左1 有趣的人形座椅
右1 正对入口的大型多功能工作台

左1 由地面升起的流线型桌面不断延伸至天花
右1 卷材地板具有柔韧性及可塑性
右2 明暗布局的灯光

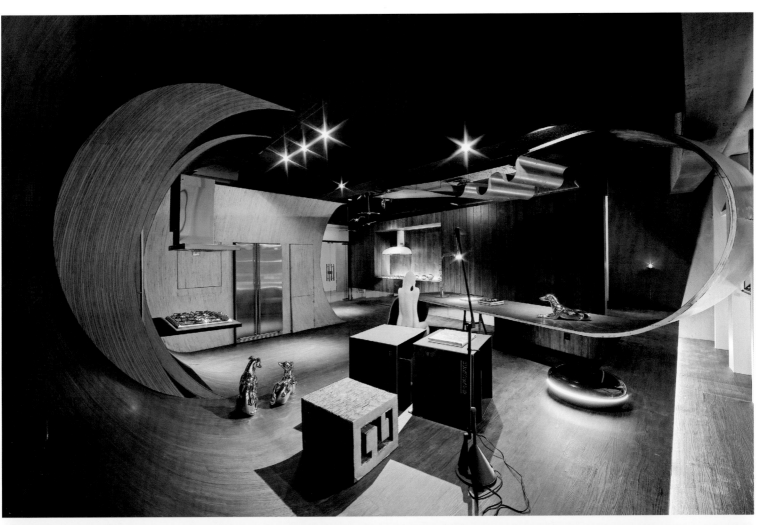

丹麦代高中国营销中心

Chinese Marketing Center of Denmark DEKO

参与设计：上海代高 / 面积：1200 m² / 主要材料：代高隔断墙 / 坐落地点：上海市福山路33号建工大厦6楼 / 完工时间：2012年5月 / 摄影：潘宇峰

来自于北欧丹麦的代高隔断墙具有典型的简约主义风格，强调简约结构与舒适功能之间的完美结合。而当这种简约风格的产品运用于办公室内设计时，容易营造出简练又不失亲切的办公环境。并能在保持产品功能的条件下，融入具有人的主体意识的个性化创造与表现，使得完成后的办公环境充满理性，并与环境中工作的人们融为一体。

设计方案充满着对人性的敬畏和善意，还凸显出北欧"实用艺术"在办公环境设计中的实际用途，因为只有将材料、色彩、形式、功能和造价等因素在整个设计方案中进行有效的平衡，和谐的结合后才能达到这样的效果。

简约的室内设计风格还要求室内空间保持与周边大自然的接触，因此代高隔断墙被要求能够接受并引入自然色彩与自然光线，并让它们来协助设计师营造室内空间的气氛。这种将天然材料、自然色彩及自然光线进行结合的处理，使人感觉更为平静和舒适，使心灵变得轻松自在与喜悦，是人本主义设计思想的完美诠释。

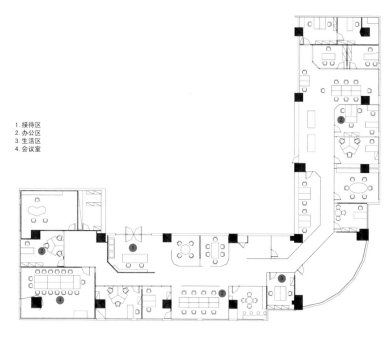

1. 接待区
2. 办公区
3. 生活区
4. 会议室

左1 国旗上的红白二色也被运用到了家具上
左2 简练有序的布局
右1 磨砂和透明组合的玻璃
右2 大面积的灰色调营造舒适典雅的办公空间

左1 鲜明的红白色桌椅
左2 世界地图有趣地映在了玻璃上
右1 玻璃隔断无处不在
右2 镜面的运用产生延伸感

波龙办公室 Office of Blum

设计单位:玄武设计群〔Sherwood Design Group〕/ 设计:黄书恒、许棕宣、陈昭月 / 面积:245 m² / 主要材料:波龙毯、壁纸、玻璃隔断 / 坐落地点:台北市内湖区 / 摄影:王基守

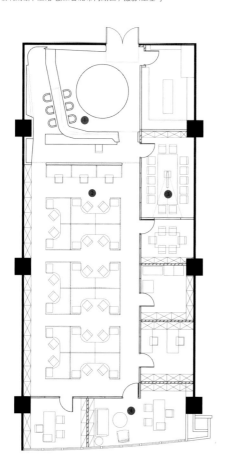

1. 接待区
2. 办公区
3. 会议室
4. 休息区

美学,是人生永恒的追索,对于身处都市丛林的现代人而言,艺术利用色彩、线条的交错,幻造出一块休憩的净土,让人们驰骋感官、试探极限,同时又能在一派从容之中,体会生命真义,这种虚构与真实、色彩与线条的恣意游戏,便成为波龙艺术办公空间的基础思考。

办公空间的设计考虑与一般样板间和接待中心截然不同。后两者的生命周期较短暂,一旦项目销售完毕,无论空间策略多么精细华美,终将面临埋入尘土的命运。而这稍纵即逝的特质,也让它们成为设计者尽情挥洒创意的舞台,期望在有限时间里,体现梦想的最大值。而办公空间作为员工长时间工作之所,不仅必须呈现最合宜的动线,更因为办公室担任企业门面的重要角色,每一处细节都必须紧密贴合企业的精神与特色,以高妙的设计手法体现企业的深沉思维,不仅能在业界独树一帜,亦能使访客的耳目备感惊艳。

波龙艺术以特殊的编织技术闻名业界,织毯上的绣线纵横交错,利用独家技术呈现繁复纹理而不显累赘,让使用者借由色彩与线条的轻舞,逶巡于真实与虚构之间。这种若有似无、如真似幻的企业内蕴,便成为设计者规划此空间的出发点。

设计师采用白色作为墙面与天花色泽,以明亮与轻盈感浸润访客的感官,白色是每种颜色的起源,设计者使之成为办公室的统一色泽,隐喻着工作者萌发创意的基底,同时白色背景也让产品的摆置效果倍增,多采多姿的织锦样品整齐置于架上,俨然成为一座独立艺术品。以大地色调的织毯铺满洽谈空间,与墙面摆置的横向地毯互相呼应,不仅符合企业精神,同时也提供访客脚踏实地的实在感受。主要办公区以蓝色玻璃分隔内外空间,亦接壤主要办公区的铁灰,既维持与访客商谈的轻松感,又无损工作者应有的严谨气质。轻透的蓝色也提升了视觉广度,让空间动线默默逐渐延伸,营造更自在从容的空间氛围。

本案中,设计者不仅饰演着高妙的"色彩策略",也投注相当心神于"线条技艺"。走进洽谈空间,圆润的弧线提升天花板的活泼感,一路延展至墙面交接处便笔直往下,借由持续起伏,灵动地勾勒出每面墙的功用。样品架、摆置的画作和招牌,乃至与立体桌面巧妙化为一体,设计者无意卖弄过多技巧,反借由简单干净的线条,呈现深沉而活跃的设计想象。利用起伏、凸起和隐藏等各种视觉魔术,让有形的线条化为无形,达到无尽延伸的效果。不停盘旋、充满转折的线条,演绎着虚实的互动关系,让置身其中的人们游走于有无之境,享受设计者带来的丰富内蕴。

左1 轻盈跳跃的空间
左2 白色背景
右1 天花圆润的弧线带来活泼感

左1 纵横向呼应的织毯
左2 大地色调的织毯温暖宜人
右1 主要办公区以蓝色玻璃分割室内外
右2 多姿多彩的织锦样品

江苏省海岳酒店设计顾问有限公司

设计单位:江苏省海岳酒店设计顾问有限公司 / 设计:姜湘岳 / 面积:600 m² / 主要材料:不锈钢、大理石、玻璃、LG板、软膜天花 / 坐落地点:南京 / 完工时间:2012年 / 摄影:潘宇峰

Jiangsu Haiyue Hotel Design Consulting Co. Ltd.

由于面积有限,各类办公功能区却众多,白色顺其自然成为空间主打色。设计期间,我们取消了所有不必要的格挡,淡化视觉。同时,由于整个办公室采光良好,白色的使用更能体现光线对空间自然之美的二度创作。

设计立意营造一个具有艺术家画廊和博物馆气质的办公场所。无论走道、总监办公室,还是员工办公室,立面均设置成书架墙,让人仿佛置身于图书馆。游历各国精心收藏的绘画作品错落安放在空间的各个角落,与最初的设计立意不谋而合。

另外,有别于一般办公楼身居高层的局限,一层能更好地将室外的绿色植物引入室内,为员工创造了一个最大限度亲近自然的工作环境。

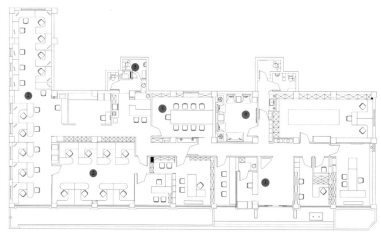

1. 接待区
2. 办公区
3. 会议室
4. 休息区
5. 公共卫生间

左1 入口处
右1 雕像打造出一份禅意

左1 镜面扩大了空间纵深感
左2 精心收藏的各国画作
右1 各色书籍形成一道亮丽的风景

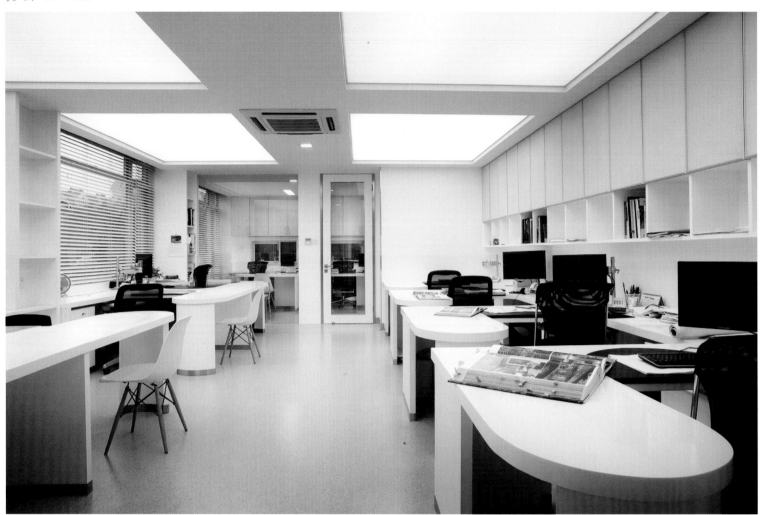

左1 空间采光良好
左2 立面均打造成书架
右1 会客区一角
右2 摆设充满了博物馆的深厚气质
右3 总监办公室

经典国际设计机构（亚洲）有限公司办公室

Office of Classic International Design Organization Co. Ltd.

设计单位:经典国际设计机构（亚洲）有限公司 / 面积:900 ㎡ / 主要材料:透光膜、钢散、白色人造石、自流平地面、实木竹皮 / 坐落地点:北京市朝阳区奥林匹克森林公园南园内 / 完工时间:2011年9月

这是一个慢设计的办公空间，"慢"是"快"的基础，只有习惯"慢生活"，才能够快速准确找到定位，而不会迷失自己。要慢下来，是因为"快"让人错失了很多美好的事物。所以我们倡导：慢生活、慢餐饮、慢睡眠、慢工作、慢情爱、慢社交、慢读书、慢运动、慢音乐、慢设计。

秉承这一理念，将"慢"的理念延续到自己的办公空间。首先是选址，北京的空气净化器森林公园成为最佳选择。这栋建筑位于森林公园的腹地，依山傍水，独立清幽，完全隔绝都市的繁杂和喧闹。是真正意义上的世外桃源。

我们尽量尊重原有建筑的空间结构，错层、高达6m的空间高度、三角形的采光顶，都得以保留，原有的不规则结构梁成为照明基座。狭长的残疾人坡道成为材料区和文印中心。而宽敞的户外露台成为绝佳的休闲和放松的区域。

使用最单纯的设计语言，把安静的气氛融入空间之中，置身室内，窗外的自然美景是最大的视觉重心。可以静观微风吹过，枝叶飘摇，水光天色，山重树茂，无不快哉。室内家具和艺术品的选择也同样遵循"慢设计"的理念，只有被称之为经典的才能称为空间的主人。明式圈椅、The Chair、Y Chair、Ghost Armchair轮番登场，Pop Art、北魏造像、当代艺术交相辉映，共同谱写一组和谐的乐章。

置身这样的空间之中，心自然的安静下来，快的节奏和习惯会慢慢远去，让人更清晰地思考，以致更精准地处理设计中的所有关系。

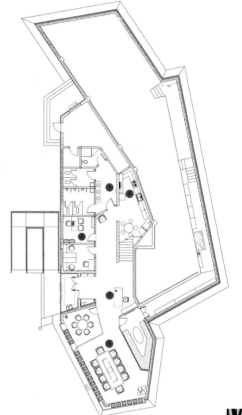

1. 接待区
2. 办公区
3. 会议室
4. 休息区
5. 公共卫生间
6. 生活区
7. 高层办公室

左1 选址在清新的森林公园
右1 现代造型的白色椅子

166

左1 楼梯一角
左2 黄色的沙发显得格外亮眼
左3 充满童趣的屋顶使整个空间安逸中带有活泼
左4 书与陈列品的展示
右1 木质的吊顶与办公桌相得益彰

左1 书桌上的镌刻与椅背的贝壳设计。充满着大自然的韵味
右1 带有艺术感的楼梯
右2 办公一角
右3 黄色的椅子与绿色的玩偶为整个空间增添青春的色彩

天狮研发质检中心 Tianshi R&D QC Center

设计单位:J&A姜峰室内设计有限公司 / 设计:姜峰、袁晓云、陈礼庆 / 面积:8800 m² / 主要材料:地灰麻、安提克灰A级、雅上白、青化纹、白色人造石、橡木 / 坐落地点:天津市武清区 / 完工时间:2011年8月

本案位于天津市武清开发区天狮国际健康产业园,建筑面积8800 m²,是以生命医学保健品的研制开发和质量检测为主要功能的综合办公楼。整个建筑分为研发中心(三层)、质检中心(五层)、多功能厅三部分,研发中心和质检中心通过椭圆形的大堂连接。

本案结合研发质检中心的功能特性,提取DNA双螺旋结构的双曲线为主要设计元素,从而与自然界中最原始的孕育、孵化生命的细胞相联系,蕴含着研发质检中心作为创造、孕育生命医学高新技术核心力量的象征意义。

大堂作为整栋建筑的核心,连通着研发中心和质检中心,起着空间流动上的桥梁性作用,设计将原有的直廊桥改造为双曲线造型,与DNA的设计理念相呼应,同时作为曲线造型的原点发散、延伸到其他空间,从而组织出整个空间的动向与流线,从中生动的体现空间本身构筑的趣味性与多变性。

过去的走廊和通道笔直狭长,为了增加使用率而减少通道面积,现在走廊和通道被看成是宝贵空间,在工作环境中突显其地位,其设计的宗旨在于鼓励交流与合作。办公空间内的主要通道异常宽阔,往往含有职员们交往的空间、舒适的设备、文化设施以及生活福利设施。人们之间的即兴联络往往发生在为此特别设计的空间——聚会的交叉点、设备齐全的心脏地带或在一中心聚集处、公共设备的地方,有的还布置有艺术品。在新办公空间设计中,交叉点的布局是一重要趋势,城市布局的复杂性和多样性,在工作地点容许的范围内被用于重新定义空间。

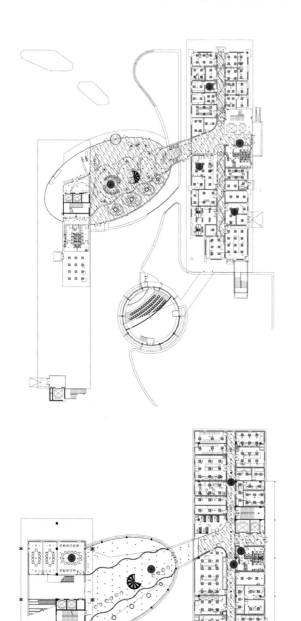

左1 建筑外观
右1 大堂

1.大厅
2.办公区
3.会议室
4.休息区
5.公共卫生间
6.生活区
7.多功能厅

左1 大堂洽谈区
左2 检测中心门厅
左3 多功能厅
左4 电梯厅
右1 开敞办公区

优格设计公司办公楼

Office building of UNIC Design Co. Ltd.

设计单位:汕头市蓝鲸室内设计有限公司 / 设计:陈骏 / 面积:450 m² / 主要材料:抛光砖、黑镜、白色聚酯漆、灰色防火板 / 坐落地点:汕头市龙翔大厦 / 工程造价:60万元 / 完工时间:2011年3月 / 摄影:邱小雄

优格,是 一家从事企业品牌策划整合的设计公司,有一套严谨有序的设计程序。多个设计阶段由不同的设计小组分段协作完成,多团队作业是其工作特点。这让我想到了商业零售模式中的"格子店"。

所以,在本案中,我以"格"作为主题来展开设计。

空间规划为前台区域和后台区域,前台背景的"unic"标志和客户接待区鲜明的橘红色是优格的企业专用色,在灰色调的衬托下充满视觉张力;在后台设计大厅的柱子上,总经理室及茶道区的橘红色顶窗帘和靠垫上,也不经意的点缀其中,起到画龙点睛的作用。

在设计大厅中,很明显的呈现了"格"格子间的设计理念:每一个"格"即是一个独立的设计小组,设计小组之间存在着互动性和相对独立性。围绕设计大厅周围的是相对封闭安静,不受打扰的"格"创意小组,图书室、设计总监室、总经理室、财务室等分布其中,与设计大厅形成第一级互动。在立面设计上,总经理室和主通道之间的蜂窝格子墙,将"格"子概念发挥到了极致,有序的"格"子延伸到天花板,和天花板上围绕着"格"子间的流畅曲线形成对比,寓意着设计思维的创新,流动,是基于"格"子这一严谨的设计程序之上的。

前台门厅和后台主通道尽头的彩色"格"子装饰,用了十二种颜色来有序地组合,清晰传达了行业特征。

这就是优格,一个充满秩序和张力的优格,一个不断创新,不断优化的优"格"。

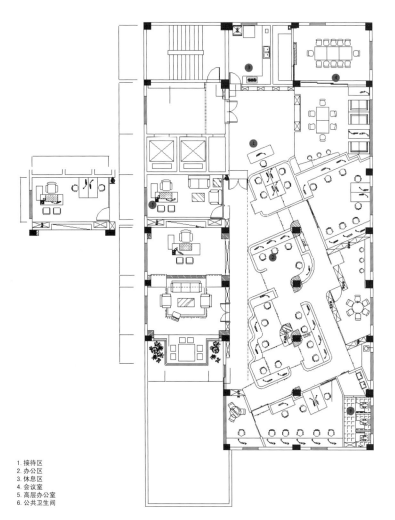

1. 接待区
2. 办公区
3. 休息区
4. 会议室
5. 高层办公室
6. 公共卫生间

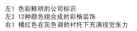

左1 色彩鲜明的公司标识
左2 12种颜色组合成的彩格装饰
右1 橘红色在灰色调的衬托下充满视觉张力

成都金沙鹭岛售楼处

Chengdu Jinsha Egret Island sales Center

设计单位:厦门喜玛拉雅设计装修有限公司 / 设计:胡若愚 / 参与设计: 赵代清、赖实国 / 面积:040㎡ / 主要材料:皇室木纹大理石、锈石方料、不同肌埋山西黑复合板、仿旧肌理杉木板、黑钢 / 坐落地点:成都 / 摄影: 申强

密林中一片石墙斜穿，毛面、哑面、光面质感的黑色花岗岩混搭；一面水镜，几点星灯，几段木化石横卧，几阶木平台错落。为达到室内外相融，建筑的围护为无框钢化玻璃，支撑钢构屋顶的钢柱也尽量纤细，钢构屋顶仿佛飘浮在空中。接待台为花岗岩方料切凿，地灯映衬下自然断裂面的力度感更为强化；围绕着接待台的是几片横向延伸的木作承板，任意角度的黑钢斜片穿插其间。吧台上天花延伸而下的木格架罩着高低错落的云石光块；视听墙为简化的现代壁炉，呼应的是入口黑色石墙的质感组合。

在大厅与后场之间，由斜墙延伸隔出的过道空间内，洗手台成为视觉焦点，一片镜面将椭圆形花岗岩方料一剖为二，门字形木格架又隔出几分私密；地面皇室木纹大理石从室内延伸至户外平台与天棚冲砂木的凹凸肌理相呼应。

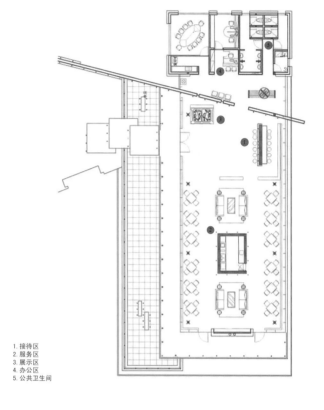

1. 接待区
2. 服务区
3. 展示区
4. 办公区
5. 公共卫生间

左1 密林中的建筑
左2 钢构屋顶仿佛飘浮在空中
右1 接待台为花岗岩方料凿切

左1 为达室内外相融采用无框架玻璃围护
左2 视听墙为简化的现代壁炉
左3 户外美景一览无遗
右1 木格架隔出几分私密
右2 地面木纹大理石延伸至户外

田厦国际中心销售中心

Sales Center of Tiansha International Center

设计单位:于强室内设计师事务所 / 设计:于强 / 面积:1000m² / 主要材料:黑镜钢、大理石、编织地毯、胡桃木地板 / 坐落地点:深圳市南山区 / 竣工时间:2011年

利用六边形组合而成的带有几何感的悬吊造型充满了整个空间，密密的细绳叠加在造型之上，以及地面黑白木纹埋石的直线元素运用，延续了建筑外观的设计手法，使得室内空间既保留了建筑自身理性的特点又增添了些许柔美的气氛。几何镂空的图案造型作为分隔空间的装置，把洽谈及展示分成两个大的区域，既开敞又不失私密感。金属材质的点缀，增加了空间的时尚气质。

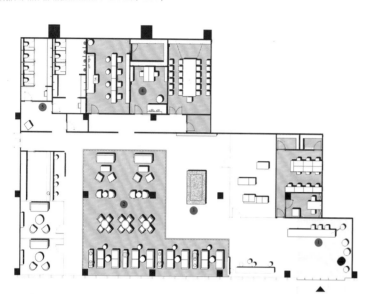

1. 接待区
2. 服务区
3. 展示区
4. 办公区
5. 公共卫生间

左1 带有几何感的悬吊造型充满了整个空间
右1 密密的细线叠加在造型之上

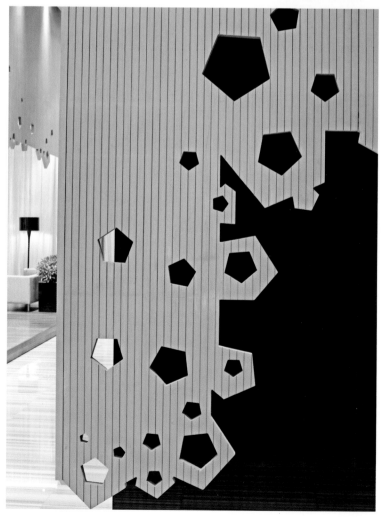

左1 黑白纹理石的直线元素
左2 几何镂空的现代造型
左3 富有建筑理性的造型
右1 展示区域
右2 悬吊造型分割出洽谈区和展示区

深圳湾厦海境界售楼处

Sales Office of MIND THE SEA in Wansha, Shenzhen

设计单位:深圳市朗联设计顾问有限公司 / 设计:秦岳明 / 面积:1276m² / 主要材料:石材、柚木、肌理涂料、白色乳胶漆 / 坐海地点:深圳 / 工程造价:440万元 / 完工时间:2011年12月 / 撰文:潘富弯 / 摄影:井旭峰

春江潮水连海平,海上明月共潮生。
滟滟随波千万里,何处春江无月明。
——张若虚

每个人心中都有一片海,它与宽广接壤,与自由交界,它有一望无垠的想象,每一次潮汐,都会涌动万千思绪。"海境界"起源于海,成就于境界,它没有固定的形态,却赐予我们无限的遐想。海的精神,海的境界,是设计师的创意功底与想象和实际相结合的产物。海之境界并不是一个有形的物体,而是梦想的彼岸。

售楼部设计以"光合"理念为轴线,外观简约而内里明朗开阔,犹似大海宽厚的胸怀。透光的天花,以引入自然光线作为照明,体现了以人为本的环保和节能。接待区的水景,清澈透明,倒映着室内的景物变化,靠近欣赏,眼波流转,人的心情会不知不觉地舒畅愉悦起来。

棱角分明的接待台和同系列的沙盘、模型台,仿佛屹立海岸边的岩石,看似随意置入空间,其实摆放极有讲究,就像大海潮汐划过的痕迹,站在不同角度呈现给人不一样的形状。模型区周边几个白色岛台镶嵌着高科技触屏电子楼书,方便购房者了解楼盘信息,也和不规则天花形成呼应。简约的外观,丰富的内涵,参观动线上恰到好处的开合进深,起承转合,无处不在的创意表现,把空间的境界演绎得淋漓尽致。

接待区以白色的雕花屏风为墙,水波的图形、轻盈的形态,如精美的工艺品,带给人水漾的轻快感,同时节省了材料的运用,更体现设计师把环保理念落到实处。自然采光与人工照明的相互配合,使其看起来更具视觉张力和立体感。

空间中,设计师的无限创意火花得以四处迸发,带着此起彼伏的心情,让你感受海的异样情怀。透光屋面下飞翔的群鸟装置,天花下如山坡样起伏有致的中庭,像盒子般悬在半空的洽谈小屋,恰到好处的各色艺术品,把设计师对生活的领悟,对海的热爱融入其间,让同样爱家恋海的人,在这里找到心灵的共鸣。

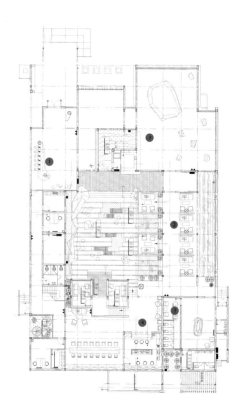

1. 接待区
2. 服务区
3. 展示区
4. 办公区
5. 公共卫生间

左1 简约的建筑外观
右1 棱角分明的白色接待台
右2 水波图形的精致屏风

左1 透光天花引入自然光线
左2 明朗的内部空间
右1 有着高端品位又不失原生态的贵宾室
右2 工艺品般轻快的屏风带来水漾的轻快感

左1 几个白色岛台嵌入了电子楼书
右1 自然光线和人工照明相结合更具视觉张力
右2 洽谈区一角
右3 大体块的穿插

山水意象—凯德置地·天津国贸销售中心

设计单位:IADC涞澳设计 / 设计:张成喆 / 面积:2000 m² / 主要材料:人造石、亚克力、竹皮、铝板、质感涂料 / 坐落地点:天津 / 完工时间:2011年5月

1. 接待区
2. 服务区
3. 展示区
4. 办公区
5. 公共卫生间

Tianjin International Trade Sales Center by Capitaland

空间

灵感米源于中国古代山水画的意境,山水间云雾缠绕,远处森林、鸟鸣。平静的水面,一叶叶扁舟,怡然自得,构成了和谐的画面和生活景象。木的背景,几片喻意山峦起伏的构造物,吧台像一艘艘木舟,高低错落,组成了空间的基本形态。抽象的演绎,简洁而富于张力的设计语言,更像是一幅空间的水墨画。

构成

建筑由两个楼面组成,因空间比较狭长和不规则,在初期构思中,以比较单纯的三片构造物分别构成了空间的主要功能,多媒体室、接待区、酒吧区和洽谈区。而在立面上白色的构造物使狭长的空间充满了韵律感,视觉上更富于张力,也成为空间的基本构成元素。而背景则以素净的竹皮连贯了整个空间,连续的"蜂巢"造型喻意"建造栖居",与白色的空间营造出和谐温暖的氛围。连贯一、二层楼梯间的金属构造同样延续了蜂巢的主题,金属与发光的造型带有未来主义色彩。

表现

以单纯的材质和简约的造型烘托主题,有机形态富于动感和趣味,为空间带来变化,线条简洁的家具和灯饰也为空间增添了优雅的品位与现代感。

左1 墙面连续的蜂巢造型
右1 白色构造物使狭长的空间充满了韵律感

上图 似一叶叶扁舟的吧台
左下 纯净白色是空间的主色调
右下 素净的竹皮连贯了整个空间

左1 空间通透明亮
右1 线条简洁的家具和灯饰
右2 墙面上玻璃构筑的圆洞映入室外的风景

远雄样品屋 # Sample Room of Far Glory

设计单位:玄武设计群 Sherwood Design Group / 设计:黄书恒、欧阳毅、陈怡君、林佳澐、蔡明宪 / 软装布置、明心惠、明春梅 / 面积:三房实品样板房330㎡、日式样板房870㎡ / 主要材料:酸蚀灰镜、黑云石、银狐石、土耳其黄、墨镜、银箔 / 坐落地点:台湾新北市新庄区 / 摄影:王基守

勒·柯布西耶(Le Corbusier)曾说,"建筑是量体在阳光下精巧、正确、壮丽的 幕戏。"对我们而言,室内设计也是一个由艺术元素、材料质感和视觉节奏所表达的一门剧场学。我们像个安排空间的导演,让空间富于戏剧效果,在内隐—外显、收达—张放、静止—行动间,塑造戏剧张力,营造令人惊奇的空间奇趣。

——远雄巴洛克式样板房

巴洛克风格的特征是华丽、力量、富足,喜用繁复富丽的流动线条表达强烈感情,我们去芜存菁地以黑、灰、白为色彩基调,加上少量金、银勾边与装饰,辅以亮面材质、水晶、玻璃产生的光影,用视觉动静的极度反差,激荡出新奇前卫的巴洛克美学。

赏析本案,如同观赏一出以浮华人生为主题的超现实歌舞剧,提供观者突破框架的想象力、混合梦境与现实的虚幻效果,以及强烈反差形成的戏剧张力。借由线条、图腾、装饰与家具层层开展,传达空间的丰富动感,让每一位参访者随着空间铺陈而舞在其中。

空间要素如同嘉年华会的狂欢舞者,以造型装扮抢夺目光,舞出感官欢愉。客厅的银色雕柱与黄金纹饰、雪白圆柱与绸缎布面,简约与繁复于此并行不悖。玫瑰花形垂下的水晶吊灯,光影洒落于雕饰之间,营造出现代巴洛克的华丽和沉静。利用灰镜酸蚀的技术,使墙面浮出花草图饰,远观流泄一股静谧之气,近看却能让人惊喜再三。凹凸浮雕背墙、壁炉电视柜、门片与柱廊等处,以黑白两色石材,将浮华巧妙地转化为优雅气质。

空间细节充满巧思,如法式布帘与纱帘的倒置、精雕细琢的鞋柜把手、金色小孩的灯具、Ghost的经典设计椅与圆柱雕饰的镜面倒影,让人处处惊喜,犹如嘉年华会中不时出场的诙谐角色,将气氛炒热到高点。黑白棋盘地坪即是嘉年华会的大舞台,让所有角色轻盈跳跃、流连忘返,终至醉卧在这场巴洛克盛会中。

这场超现实的巴洛克展演,人们对于住宅形式的夸张演出浑然不察,设计者有意将空间设计作为舞台,施展对于虚假现实的基础抵抗。这出雅俗共赏的空间大剧,同时也是设计者在艺术性与现实的商业需求间,企图取得的最大平衡。

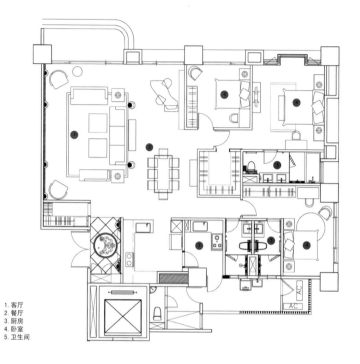

1. 客厅
2. 餐厅
3. 厨房
4. 卧室
5. 卫生间

左1 繁复富丽的装饰线条带有强烈的巴洛克风格
右1 银色圆柱上是金色纹饰

左1 华丽的浮雕背景墙
左2 黑白两色棋盘地面的优雅气质
右1 玫瑰花形中垂下的水晶吊灯
右2 灰色调的书房
右3 巧思的小品
右4 法式布帘与纱帘的倒置

左1 入口玄关处
左2 复古的兽皮地毯
右1 雕刻牡丹纹的大面玻璃创造出光影效果
右2 地坪上的藤纹家徽

——远雄日式样板房

日式风格给人的印像是纯净、抽象、简约，喜用竹、木、纸等天然建材，细腻的肌理、冷静光滑的表层、像用过滤镜滤出的纯净色泽表现，向来独有的简素与宁静。而皇家风格则是富丽堂皇、鎏金光影、极度雕琢的，这些奢华的设计元素应该不会出现在日式风格中，两者是南辕北辙的。但在远雄标榜为贵族豪宅的系列建案中，竟有一处以日式皇家风格为诉，将日本的简素与纤细，与闪耀如碧的奢华融为一处，宛若和光同尘的明珠在浊浊尘世中，依旧闪透着光亮。

设计者巧妙地运用日式家徽，起了点亮与点化的关键作用，以几点巧思传达出空间精神最深邃之处。曾经是代表日本贵族与武士阶层姓氏的家徽，流传到后世已经成为日本生活文化的一部分。不同于西方家族徽章通常用狮子、猛龙、雄鹰或其他动物图案，显示家族的权力和威严，日本家徽往往用植物、飞鸟、明月或是与信仰有关的符号，非常柔和、女性化、很具有东方写意色彩的纹饰，体现了日本人对自然的热爱、祈祷神灵给予庇护以及对家族的重视。

本案我们设计出两种家徽，分别用在客厅中的地坪与墙面——从设计角度来看为空间配角的地方，意在言外地表达出东方的性格，以家徽来开启一段人与空间的对话。地坪上的"藤纹"，源自日本古老的贵族世家藤原氏，藤是繁殖力强的植物，象征着家运绵延兴盛不衰，取其"隆盛遗芳"之意；而在客厅主墙面上，以雕刻着"牡丹纹"的大面玻璃创造出光影效果，在德川幕府时期，牡丹纹的地位与代表王室重臣的菊纹、桐纹和葵纹属于同级，表达房屋拥有者有着日本贵族般的尊荣。

设计者将日式和西式设计风格并置，甚至和而为一，在西方的华丽外表下贯彻日本设计的精神，以纤细的心灵在许多细节中，用不夸张的方式夸耀着财富。像是将手工地毯改为兽皮、鱼皮纹的壁纸、日式花布的搭配运用，让极简的日式设计包着奢华的外衣，转化为生活与感受。每每运用看似反差、相斥、极端差异的语汇，却能相加相乘出奇特创意与效果。

身为观赏者，参访这玄机处处的空间佳作，那只"藤纹家徽"，似乎已经将设计者的思想、空间的思想，都凝聚于那藤蔓之上，和那墨绿色的浓郁之中。

1. 客厅
2. 餐厅
3. 厨房
4. 卧室
5. 卫生间

左1 日式的简素与闪耀的奢华共处一室
右1 纤细的日式风格卧室
右2 花布给素色调卧室添加了几分暖意

东莞森林湖五期兰溪谷样板房

Sample Room of Lanxi Valley, Phase 5 Lake Forest

设计单位:深圳市雅达环境艺术设计有限公司 / 设计:陈维 / 面积:157 m² / 主要材料:大理石地面、中纤板喷钢琴漆、进口墙纸、软包 / 坐落地点:东莞 / 完工时间:2011年5月

157m²有多大?大约三分之一的篮球场,而157m²里的4房2厅3卫,你可以想象吗?看过兰溪谷样板房的平面布置图后,疑问会变成肯定,惊讶会变成赞叹!没有想不到,只有不用心。只要布置得宜,157m²也能变化出4房2厅3卫。近40m²的家庭厅足以媲美大户型,12m²的起居空间那只是最小的卧室。多功能房、宽敞的阳台、能容纳多人的厨房,更不论三间卧室一并配套齐全。这是一个令人向往飞翔的室内空间,这是一个无限宽广的有限空间。

时尚欧式风的设计带来高雅的文艺浪漫氛围,又大刀阔斧地减去了繁复的堆设,简洁亮丽,更符合中国人的审美观。同时在装修上施展巧手,充分照顾了中国人的居住需求。

淡彩和大色块的运用点亮整体视觉,温良恭俭让房子性格,犹如中华美德,毫不夸张。这样的装饰,乍一眼未必会令人惊艳,但住十年能新鲜十年,住二十年能新鲜二十年,方符合生活的本意,平淡是真,平淡是美。

打开大门,竟无法察觉卧室的存在,将私密空间"藏"于无形,充分照顾到广东人的生活讲究。墙,不仅仅是墙;艺术,绝无死角,会客厅侧墙的立面多功能柜,让家成为博物馆,让生活充满奇趣,让平凡之处绽放光芒。温馨的色彩辅以金属质感,时尚,在这里无需言语。低调而富有内涵。厨房虽小,功能齐全,设备摆设精雕细琢,令厨神也羡慕不已。还有吧台、美酒、咖啡,欧式生活,远不止华丽的纹饰和精美的家具,是充满格调的生活时光,陶醉不舍、流连忘返。看不见的灯,无处不在的光,生活充满了亮。各种高雅灯饰也会在需要的地方静静等待欣赏。

生活,淡如水。止水,有涟漪荡漾,方不成古井,与世隔绝。我们需要平平淡淡才是真的生活,也需要偶尔露峥嵘的激情活力。房子,亦如此。只有温和之中闪烁光芒的宝石,方可称为"人居"。

1. 客厅
2. 餐厅
3. 厨房
4. 休闲区
5. 卧室
6. 卫生间

左1 会客厅侧墙的功能柜放置艺术品
右1 米色大理石地面

左1 客厅和餐厅的水晶吊灯光彩夺目
左2 功能齐全的厨房
右1 金色打造高雅卧房
右2 色调柔和的闺房
右3 长条洗漱台可容纳不少物件

厦门联发五缘湾一号 # NO.1 of Xiamen Lianfa Wuyuan Bay

设计单位:厦门喜玛拉雅设计装修有限公司 / 设计: 胡若愚 / 参与设计: 赖安国、苏海新 / 面积:240 m² / 主要材料:意大利木纹石、柏丽复合强化木地板、绿可木、火烧水洗石 / 坐落地点:厦门市 / 摄影:申 强

在不大的居家格局内,尝试在空间的设计整合中体现东方的审美情趣。

空间系列围绕半室外的内凹阳台而展开,以此为中心完成空间的层次节奏变化和内外交融。海景→书房→过道→内阳台→小区内院是一条轴线,相垂直的是厨房→餐厅电视墙→餐厅→内阳台→主卫淋浴区的另一条轴线。内阳台既是第二会客厅,也丰富了餐厅的景观视野,同时又是饱读之余养目静心的所在,而沐浴之后推门而出在躺椅上放松身心也是一种享受。为强化空间的趣味性和层次感,书房和主卫均采用落地木格栅和纸折叠门,而客厅沙发背景则是黑钢框凹凸冲砂木块移门,推开后客厅和书房的空间融为一体。

整体风格体现现代东方情调,时尚简约中包含着东方的飘逸大气。

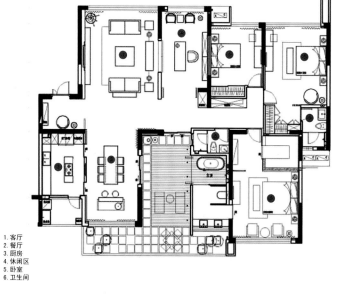

1. 客厅
2. 餐厅
3. 厨房
4. 休闲区
5. 卧室
6. 卫生间

左1 黑色钢框凹凸木块移门打开后即把客厅和书房连为一体
左2 宽敞的客厅
右1 放松身心的躺椅

左1 通透式厨房
左2 可供两人就餐的小餐台
左3 木纹墙体引导着空间动向
右1 窗外的美丽海景

左1 温馨的卧房
左2 连成一体的卫生间和卧室
右1 看得见风景的房间
右2 房门和墙体融成一片
右3 木色调的主卫

北京万科香河样板房 **Xianghe Sample Room of Beijing Vanke**

设计单位:IADC涞澳设计有限公司 / 设计:张成喆 / 面积:240 m² / 主要材料:橡木饰面、竹饰面、米色涂料、机理壁纸、大理石 / 坐落地点:河北香河 / 摄影:路明鑫

设计师沿用现代简约的设计手法,以绿色环保为设计主旨,采用新颖环保的绿色材质打造出一个清新、自然的现代住宅。

空间内最引人注目的就是上下贯穿空间的整面柜子,从餐厅延至客厅,既是书柜又是储物柜、装饰柜,辅以隐藏在后面的条条光源,富有趣味。

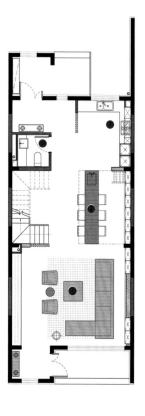

1. 客厅
2. 餐厅
3. 厨房
4. 休闲区
5. 卧室
6. 卫生间
7. 书房

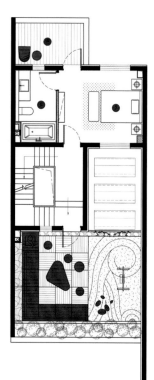

左1 造型简约的沙发
左2 从二楼俯瞰
右1 浅绿色餐椅成为空间的一道亮色

左1 贯穿一二层空间的整面大柜子
左2 玻璃围栏增加空间的通透性
右1 幕帘般的卧室床头背景墙
右2 深浅灰色调大理石铺就的洗漱间

上海北竿山艺术中心叠加别墅1、别墅2

Superimposed Villa 1 and 2 of International Art Center (SAC)

设计单位:KLID达观国际建筑设计事务所 / 设计:凌子达、杨家瑀 / 面积:液态空间别墅280 m² 、曲线别墅350m² / 主要材料:爵士白、碳色不锈钢、橡木染灰 / 坐落地点:上海 / 摄影:施凯

THE LIQUID SPACE—— 液态空间

最初的设计概念是以"水"的形式去表现室内空间。水在自然界中是以液态的形式存在着,要呈现一种流动的感觉,它会流动在地板、墙面,甚至在吊顶上,形成延伸的感觉,好像是液体包覆了整体空间。

我们选择了橡木来表现这种液态造型,并使这液态造型从二楼到一楼整个连起来。从一楼的地面延伸到墙面、吊顶,再从楼梯间延伸上去达到二楼的地面、墙面、吊顶。在家具和灯具饰品上也选用了弧线造型的样式,更加融合设计的主题。

CURVE——曲线

整体设计概念是以"曲线"作为设计的一个主轴。曲线的设计引用在弧形的墙体上和吊顶的光带中,在立面上也用了曲线,形成立体的层次。在餐厅部分座椅和靠背形成一个大的U形空间,不仅是做了一个造型(Form),也界定出餐厅的空间。餐厅旁的楼梯好像一个雕塑,它的扶手是一条完美的曲线,从三楼一直蜿蜒到一楼。为了清晰地表现出曲线的造型,材料的应用十分单纯,以白色为主,纯净的材料与色彩应用,才能表现完美的曲线。

左1 水圈状蓝白地毯契合了水的设计主题
右1 弧形墙体

左1 家具饰品也采用了弧线造型
左2 没有棱角的餐桌椅
右1 弧线的吊顶

左1 好似雕塑的楼梯蜿蜒而上
左2 四面八方的白色
右1 座椅和靠背形成的U形
右2 黑白的简约色调

山景禅意处，坐看云起时—万科五龙山H地块样板房

Sample House of H Land-mass of Wanke Wulong Hill

设计单位:深圳创域设计有限公司 / 设计:殷艳明 / 面积:573 m² / 坐落地点:成都 / 完工时间:2011年10月

1. 客厅
2. 餐厅
3. 厨房
4. 休闲区
5. 卧室
6. 卫生间

谈起中国的山水，人们常常会想起"江山如画"，想起中国的水墨，想起"悠然见南山"的文人墨客、樵夫牧童……这种"隐于山水"中的精神正是中国传统儒道佛合一的精粹，也是我们设计此样板房的主题思想：在大山的环抱中为现代都市人寻找一方云淡风轻的精神天地。

样板房的空间由一层和地下负一层的室内、室外庭院共同构成。在完成了合理的空间功能区分和布置之后，设计师把山与水的相依、人与自然的交融、历史与文脉的传承、空间与时间的交汇，都化为笔下饱含传统精神的"梅、兰、竹、菊"等设计元素与符号，以室内空间和室外庭院空间两条主线相互递进、映照、共享为主线，徐徐铺开陈述。整体空间递进层次分明，脉络清晰。

一层主入口正对客厅，立一幅"荷韵"的中式屏风，既有中国园林固有的借景效果，增加了空间的层次感和装饰性，又巧妙地把玄关过渡空间与客厅区分开来。屏风之后会客厅与餐厅的连通开放，提升了空间通透性，强调了人与空间的互动和交流。整个空间以杏灰色为基调，简洁朴实、清雅恬淡、荷香四溢、寓情于景，不禁让人想起宋人周敦颐所言："予独爱莲之出淤泥而不染，濯清涟而不妖，中通外直，不蔓不枝，香远益清，亭亭静植，可远观而不可亵玩焉。"设计师把这种中国文人追求的精神以客厅的屏风为起点，继续从容地挥洒于位于一层的客厅和主人房的墙面、配饰等细节上。主人房墙面上大面积的云纹壁饰、抽象的山水图案手绘，展现出一派山间云卷云舒的意向。台前放置一只优雅曼妙的禅宗手印，顿时让空间充满了禅意的空灵，在这里感受到的不仅是身体的舒适，更是精神的诗意栖居。

整体的天花、墙面的处理遵循了现代简洁的风格，但是还需怎样才能在通往时空的隧道里找寻一份来自历史文化积淀的精神，赋予现代生活和时尚以更雅致和绵长的品味呢？除了选择使用自然质感的朴实材料，如青砖、瓦当、麻质壁纸，并配合经典图案

左1 室外的庭院
右2、右二 富有质感肌理的墙面
右3 荷韵屏风将过渡空间和客厅分割开来

来演绎对自然与历史的怀想之外，"色彩"也是在设计中突破传统而又从传统中得到的最好启示。我们从中国传统建筑的窗棂和彩色花窗中、从中国浓墨重彩的工笔重彩绘画里找寻到了灵感，对样板房的传统家具、饰品和软饰的选择中着重对色彩进行了挖掘，把大红、朱红、墨绿、青绿、群青这些浓烈的色彩运用、搭配起来，大红的官帽椅、绿色彩釉陶马、红绿配搭的茶具、金黄色的蝴蝶彩陶灯饰，当然还有经典蓝的青花瓷器，无一不在诉说着古典文化所赋予现代生活的时尚摩登、高雅情趣，一反单纯统一的杏灰色硬装的沉闷气氛，让整个空间在一派敦厚宽容的沉静中，又生动活泼起来。

地下负一层也是本案的重点所在，不同功能空间的主题打造，提升了整个设计的品位和韵味。非传统意义上的四合院以营造意境为目标，通过跌级、错层、小桥和楼梯的造景自成一方天地。铺地图案以青灰瓦片与绿草搭配，在几何图案的韵律中透出经典大气；庭院一端并排放置三个大型水缸，铺陈水生植物，体现了传统文化中"聚水为财，吐物纳气"的思想；而另一角将百合树、太湖石与水景相组合，造景不大却显现出传统园林艺术的精气神儿，紧靠庭院这一角的老人房，推开门窗，即可达到室外自然与室内空间的完美结合。从环绕庭院的回廊任何一个房间和窗口都能看得到这方天地，恰如围棋术语中那一口"气"的概念，这一方天地也解决了围绕周围众多房间的采光与空间流通的功能。坐在房中，无论是老人卧房、幽静的书房、品茗的茶室，抑或是闲谈的客厅、舒展筋骨的健身房，放眼向外望去，都是"荷塘月色，鱼翔浅底"，怡然自得、意境优雅；回望过来，却又是"书香门第，应景而来"。生活与山水相依，可见天地悠悠，自然还是山林自在。

通过设计，在这里山水之美、空间之美、意境之美、材质之美都在驻足回首之间，融汇贯通，消隐了彼此之间的界限，而达于通透，在现代人的生活中体现出"意胜于形，得意忘形"这一传统美学意义上的本质精神。

左1 圆形餐桌和圆形吊灯相呼应
左2 红绿色调的搭配
左3 那一盏光点亮了云淡风轻
右1 室外是荷塘月色室内是茶香浓郁
右1 诗意的小景
右2 卧室一角

滟澜山别墅 Rose and Ginkgo Villa

设计单位:睿智汇设计公司 / 设计:王俊钦 / 面积:400 m² / 主要材料:橡木饰面板、千丝万缕石材、浅色木纹砖、茶镜、黑钛不锈钢 / 坐落地点:北京顺义区后沙峪玉龙湖 / 完工时间:2012年2月 / 摄影:孙翔宇

伴随着酒店式别墅的出现,一种更注重居住者生活体验的别墅价值观正在构建,一次滟澜山别墅领域的全新变革已然拉开帷幕,成就了新的高端商务酒店趋势。项目定位于全新的"酒店式别墅",使用客源为境外企业高层人员。客户希望通过量身打造设计来实现预期的投资回报率,期望3年回收成本。所以在设计之初,我们是以清晰定位消费群体来确定设计的方向。

别墅的首位使用者是驻中国Nokia集团高层,来自丹麦的乔先生,他在项目设计初期就对其方案颇感兴趣。项目的成功源于设计方向完全与市场相结合,同时提炼了西方的设计风格,以朴素,简洁,明快为特点,通过自然材料和人造材料的平衡取用,演绎自然的同时增加了浓厚的现代极简味道,整体风格恬静而富有韵味。

庭院是"自然"的结合,地面由烧结砖铺设,墙面运用炭化木和文化砖结构搭配,配合投射灯,带给空间安静与优雅。进入一层起居室与休闲区域,大幅面的暖色调运用,以宁静温和的姿态,让归来的人感到温馨与舒适。拾级而上,步入二楼的区域是集客厅、厨房、餐厅空间为一体的开放式公共空间。主体区域为客厅,整个大空间通透开放,电视背景墙由橡木板材料制作的储物柜配合茶镜玻璃材质所组成,结合了装饰性与功能性双重特质,这也成为了本案主流风格的体现。客厅吊顶结构的处理延伸了视觉感,周围是宽度为5cm的黑色凹槽,这对施工精细度有着十分高的要求。三楼的主人卧室同样采用纹理自然清新的橡木板材与现代感的茶镜材料拼接使用,用现代的表现手法将其诠释,展现出温和宁静的氛围和畅然的意境。

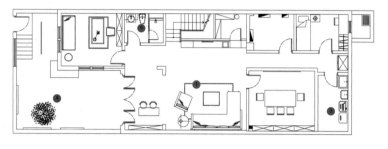

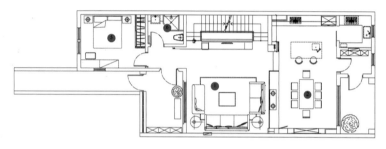

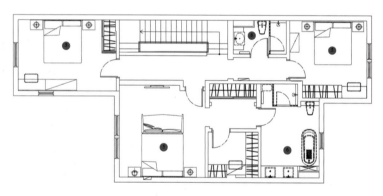

1. 客厅
2. 餐厅
3. 厨房
4. 休闲区
5. 卧室
6. 卫生间

左1 室外的庭院
右1 通透开放的客厅

左1 厨房和餐厅连成一体
左2 线条简洁大气的家居
右1 大面积格栅围合出的卧室区域
右2 宁静温柔的光影效果
右3 明亮的洗手间

垦丁白砂15 # House 15 of Kenting White Sand

设计单位:班堤室内装修设计企业有限公司 / 设计:普传杰 / 面积:3558m² / 坐落地点:台湾屏东县恒春镇水泉里树林路25-3号

本案坐落于台湾垦丁国家公园保护区内,除了须通过一系列环境评估检测外,对建筑物造型更有严格要求,由于斜屋顶及比例的限制,使得本建筑与物理环境随着设计构想自然生成。利用简单的转折概念,形成卷形阳台与现代感十足的斜屋顶造型,除了具有导风效果外,阳台更具遮阳效果,并达到节能减碳之绿色建筑需求。就地取材的几艘破旧救生艇,经过修补后成为更具环保特色的泳池。

白砂15这名字您是否熟悉? 是悄然的偶遇,还是擦身的记忆?

2012年冬末,屏153线的海依然蔚蓝,却妆点了更多的绿意与空间,15号别墅延续了白砂15第一馆的设计理念。没有围墙的界域划分,却有几近奢侈的屏蔽绿林;没有讨好的炫目空间,却有让人无法抗拒的私人水境;没有金碧玉砌的角落,却有令人惊喜的细腻感动。它就像荒径中,在蜿蜒峡谷中浮现的玫瑰;它就像绿林里,在下一个转角出现的蝴蝶兰,惊喜且感动,温暖而喜悦。宛如琴韵的蔓延,拥有这般低吟且沉静的美丽……它就是白砂15。

手绘创意效果图

左1 建筑外立面
右1 阳光和人工照明相辅相成

左1 几近奢侈的屏蔽绿林
左2 有趣的木门造型
左3 咖啡色细腻的木质外墙体
右1 清新自然的原木色调
右2 灰色地面如大地般的自然沉静

左1 藤编的家具
左2 卫生间和卧房被木格栅分割
右1 两侧落地窗引入无尽的绿意
右2 简约的装饰没有多余的设计

HILLGROVE会所 **HILLGROVE**

设计单位:洪约瑟设计事务所 / 设计:洪约瑟 / 参与设计：Eric Li、Raymundo Sison / 面积:300m² / 坐落地点:
香港新界屯门 / 完工时间:2011年5月

本案在屋顶可以俯瞰山景，视线超越了周边的低层住宅大厦，使用当代的设计手法，创造了一个舒适而现代的家居。

客厅、餐厅和厨房区已转换功能，以适应房主的生活方式。在餐厅和厨房区设置了一个家庭影院，就餐室与开放式厨房明亮通透，有着充足的自然光线。屋顶甲板的楼梯下夹着的是女佣房间和卫生间，木工板包裹着整个走廊。

整个屋顶甲板区划分为闲逛、用餐和游戏区，分区则是通过插入地板中的灯箱。设计中以米色和灰色为主题色，素雅简洁。

从黄昏直到黎明，使用不同的灯光装置来表达不同的情绪，尽享生活的平静和安逸。

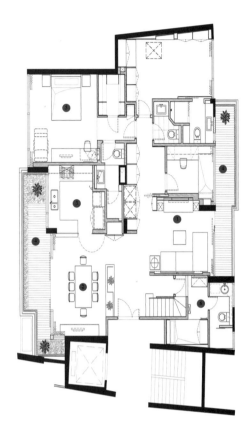

1. 客厅
2. 餐厅
3. 厨房
4. 休闲区
5. 卧室
6. 卫生间

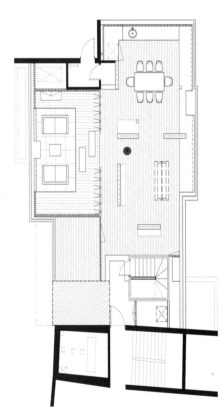

左1 屋顶可俯瞰山景
右1 灯箱分割出不同的区域
右2 屋顶休憩区

左1 楼梯下是佣人房及卫生间
左2 界定空间的深色柜体和墙体
左3 素雅的色调
左4 视听区改设在餐厅以满足主人生活的需求
右1 线条简洁的室内空间

五方洋居 Cube 5 Residence

设计单位:纳索建筑设计事务所（Naço Architectures）/ 设计:Marcelo Joulia、方钦正 / 面积:350 m² / 坐落地点:上海 / 摄影：申强、胡文杰

一栋1930年代的上海别墅被完全改建成了一个充满现代设计感的私人住宅。如何既保留富有30年代的感觉和关键的元素，又能满足现代乃至未来的生活需求，是设计师所面对的最大挑战。在内部设计中体现西式的开放和中式的含蓄又是其关键。

装修一开始就将首层的空间规划全部打破，创造一个通透舒适的大空间供家人分享。将客厅的落地窗打开后，视线可以从2号门外跃过游泳池，贯穿整个室内外空间。二楼营造的则是属于每个家庭成员自己的氛围，房间的格局与30年代并无区别，传统风格得到了留存。三层的主题是创新，改建之前别墅只有两层，为了增加活动空间和主人的私密性，建筑师创造了三楼的空间，原有的屋顶结构被嫁接到了新的建筑上，从而尽可能的保留了建筑的原味。

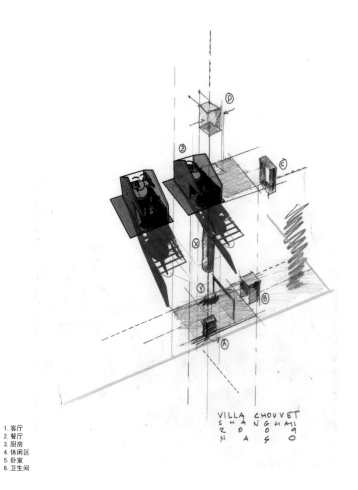

VILLA CHOUVET
SHANGHAI
2009
NAÇO

1. 客厅
2. 餐厅
3. 厨房
4. 休闲区
5. 卧室
6. 卫生间

左1 树上的小房子
左2 一方静谧的泳池
右1 仰望高挑的屋顶

左1 开放式的客厅
左2 大红色不规则台子成为简色空间的一抹亮色
右1 宽敞的餐厅
右2 长条窗户引入更多的自然光
右3 悬空休息椅
右4 周到的设计创造了丰富的收纳空间

浅澜汇会所 Qianlanhui Club

设计单位:KLID达观国际建筑设计事务所 / 设计:凌子达 / 参与设计:杨家瑀 / 面积:4500 m² / 主要材料:柚木、咖啡洞石、稻青米黄、波斯灰、灰木纹石、银箔 / 坐落地点:成都 / 摄影:周耀东

浅澜汇是定位高端的会所,希望是名流人士聚集的地方。整体风格是以东南亚度假型酒店为概念打造新东方主义的风格。功能包括了大堂、酒吧、茶馆、影视厅、VIP室、游泳主题馆、健身房和舞蹈教室等。

室内空间非常开阔,有很大的斜屋面,在吊顶部分希望能够呈现出东南亚木造建筑的感觉,所以采用了木行架的造型设计吊顶,并且把灯光照明融合在木行架吊顶的设计中,使整个建筑和谐并充满东南亚式新东方主义风情。

左1 颇有气势的大型仿古钟
右1 开阔的大堂

左1 大量运用的暖黄色灯光营造温馨气氛
左2 将照明融合在高挑的木行架吊顶中
右1 会客区

左1 东南亚风情的精致摆设
右1 精心打造的烛台式灯具成为空间的主角
右2 银条装饰的整面黑墙打造出新东方主义情调

无锡长广溪湿地公园蜗牛坊

Walnew Restaurant of Wuxi Changguangxi Wetland Park

设计单位:HKG GROUP / 设计:陆嵘、蔡鑫 / 参与设计:王文洁、吴振文 / 面积:约2400 m² / 主要材料:松木、红砖、铁锈色金属、涂料、清水水泥地面、艺术羊毛毯、刨花木地板 / 坐落地点:无锡长广溪湿地公园缘溪道6号 / 工程造价:888万元 / 完工时间:2011年12月 / 摄影:刘其华

WALNEW CLUB——无锡首家"都市慢生活"的创意餐厅,将设计的创意、美食的享受与湿地的静谧、写意的自然环境融为一体。臻于细节、卓于内涵,意图为来宾提供一份舒适、自得、理性、温暖的服务空间。

结合建筑周围的生态环境,用自然质朴的材料与之相呼应。室内环境基础色调为中性偏冷,通过艺术装置的鲜丽色彩加以点缀,来打破平稳的节奏,从而提升视觉趣味性。家具灯具的设计均简约富有创意,细节之处的体现来自大自然中的元素撷取。室内整体造型线条流畅清晰,虚实有序。无论是墙上块面颜色的铺展,还是顶面的条形格栅造型搭接,始终以简练的几何关系诠释主题的定义:细腻、质朴与自然。

空间整体色彩以深浅两种灰色为主基调,大面积交织。红褐色黏土砖以醒目的颜色,通过特别的角度设计铺贴在部分空间的主要墙面,砖墙四周用自然锈斑表面的金属折成精致的条框收边。历史悠久的老木头映射出自然醇厚的颜色与古铜色木饰面一并在空间内对话,交替出现,相互衬映。部分区域用大幅镜面单元框以角度错开的方式排列、间隔,点缀其中,折射出不同凡响的奇异空间。

地面的艺术地毯造型更加生动,以渗入湿地植物的造型和色彩元素加以抽象提炼,通过各种编织工艺来表现。使整个装饰色彩基调简约质朴却不失灵动。

蜗牛坊在打造特别的用餐环境及提供各类美食服务的同时,还是一个设计艺术的展示平台。在主要公共区域预留了展陈柜台和空间。定期举行不同主题的创意设计展品陈列,使宾客满足味蕾的同时更赏心悦目,真正感受到设计艺术与饮食文化的交融,获得多方位的全新感受。

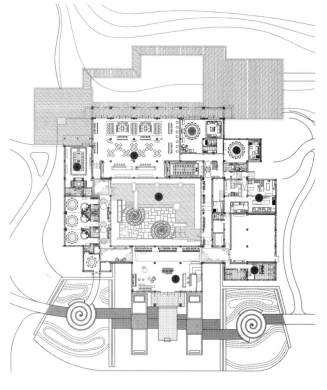

1. 接待区
2. 包间
3. 餐区
4. 办公区
5. 展示区
6. 操作区
7. 卫生间

左1 建筑外景
右1 醒目的红褐色黏土砖

左1 冷暖色调的对比
左2 从走廊望向就餐区
左3 顶面细腻的条形格栅装饰

右1 吧台
右2 历史悠久的老木头错落地排列
右3 古朴的桌椅造型
右4 大幅镜面单元框

江滨一号 No. 1 RIVERSIDE Golf Club

设计单位:福州林开新室内设计有限公司 / 设计:林开新 / 参与设计:陈晓丹 / 面积:2000 m² / 主要材料:大理石、软木板、木纹砖、实木板、老料石材 / 坐落地点:福州市 / 工程造价:600万元 / 完工时间:2011年12月 / 摄影:吴永长

江滨一号位于福州南江滨公园内(融侨官邸后),是一家以餐饮为主的会所,分东楼和西楼。东楼有中式与西式豪华大包厢。西楼一层是与公园配套的咖啡西餐厅,西楼二层餐厅有大包厢。

结合会所外公园的优美环境,透明玻璃金属折架连廊进一步将室内空间进行延伸,连同水池和石台等造景,让人在进入室内之前已经开始感受到空间的风度与内涵。入口大厅墙面上的抽象油画展现的是东方的写意意境,接待台的中式长桌、座椅,都是在告诉来者会所的东方人文色彩。

由大厅向会所内走去,近似于素色混凝土效果的地面石板铺设、墙面的木片拼贴、东方意象的壁灯、中式的木栅格的墙面装饰,一直延展到楼梯间的主要视觉元素,从一层直通到二层,空间语言简洁、大方,现代基调中处处渗透着中国的文化内涵。包厢的设计同样如此,落地玻璃最大限度地将房间包围在公园的自然美景之中,一圈太师椅、几条案几、天花的栅格装饰,在这样的环境中品茶饮酒,仿佛是传统士大夫们的一次美妙的春日郊游。

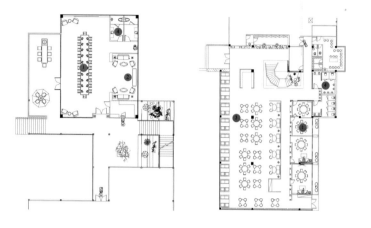
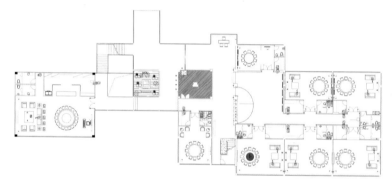

1. 包间
2. 休闲区
3. 餐区
5. 卫生间

左1 透明玻璃金属折架连廊
右1 大厅的抽象油画展现东方写意

左1 素色混凝土效果的石板地面、酒架
左2 和地面颜色融为一体的楼梯
左3 简约风格的西餐厅
右1 落地玻璃最大限度引入公园美景
右2 天花的栅格装饰

右1 楼梯旁的高挑鸟笼式装饰
右2 既透还隔的镂空装置
右3 拾梯而上可来到户外

东会所-尘埃落定 # East Club- Mote Drops Placidly

设计单位:深圳市大羽营造空间设计有限公司 / 设计:冯羽 / 面积:450 m² / 主要材料:青石、松木、火药、烤漆钢板 / 坐落地点:深圳市南山区华侨城东方花园 / 完工时间:2012年6月

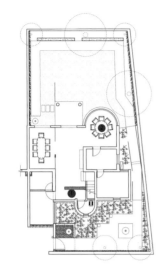

1. 大厅
2. 包间
3. 会议室
4. 休闲区
5. 卫生间

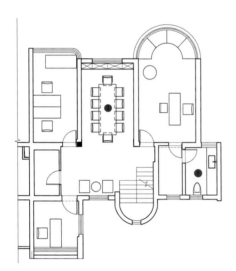

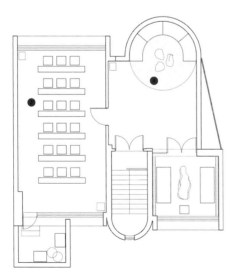

左1 沉重的土墙后是什么
右1 白色轻薄的柔弱墙体

设计这个项目的时候,正是日本海啸发生的时候,灾难带来的感官上的冲击让我震惊,感触良多。我们所在的这个世界,虽然美好,却如此多灾与多难!在自然和宇宙轮回的面前我们就像一粒微尘。微尘多了,便是这尘埃!

这个改造项目所赋予的便是这样一种关注!因为世界大千,我们的确是尘埃一粒,微小得不能再微小。看看这个项目吧:是空间又是造园,"东"会所推开沉重的土墙门,我们打开的是一片宁静与轻盈。整个手法源于传统造园手法,曲径、廊桥、竹林、瘦石一样不缺,但她却是现代的演绎,东方哲学的阐释。白色轻薄的柔弱形体中,细密的微尘造型点缀其中,不经意间你会发现她的存在,她带给大家的感观便是柔弱胜刚强的人生暗示。水的庭院,透彻了天空,映出了四季,改造过的白色现代建筑,处处透出东方文化的底蕴。夯土的墙,沉重的对比着一片片轻弱的纸一般白色的"薄"。力量的均衡、文化的均衡,一片片白色的板上冲出的微尘粒,暗暗地隐喻着人类与自然与宇宙的思考与关联,爆破过的画面,火烧过的装饰画,都阐述着手法如"禅"如水,平淡的不能再平淡。思想的人啊,思想吧,禅宗如水,无边无境。

楼上的茶室,无上清凉,是在体现中国传统木构造的复杂性,细密如针,烙铁烫黑的木条端头,形成一层虚幻的表面,如梦如幻;品茶论道,煮石参禅,抱月邀云,百看不厌。宁静、和平,祈盼我们离灾害远一点,世界和平不只是空讲。

多么的想,尘埃里,我们有道德有健康;
多么的想,尘埃里,我们有和平有希望;
多么的想,尘埃里,我们有故乡有他乡;
多么的想,尘埃里,我们有欢乐的孩子,有健康的爹娘。

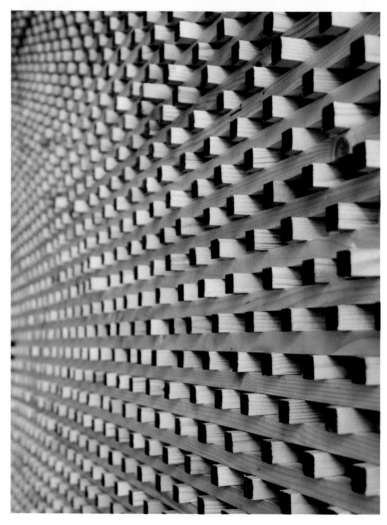

左1 沐浴在安静的阳光下
左2 墙面上好似爆破过的画面
右1 面对自然煮石参禅
右2 极简的色彩和造型却是永远

黄金海岸会所 **Gold Coast Club**

设计单位:厦门东峻设计顾问有限公司 / 设计:黄振耀 / 参与设计:E &T设计顾问 / 面积:6900 m² / 主要材料:石材、黑钛板、木作、壁纸 / 坐落地点:石狮黄金海岸 / 完工时间:2012年4月

黄金海岸销售会所是比较典型的功能重复应用的例子。甲方要求它在销售期间是一个功能齐全的展示销售空间,以后必须恢复到业主使用的健身康体会所的功能。这在平面布局上就需要在两者间寻找平衡点,宏观上既要有销售会所的奢华高贵,又要具备康体会所的清新健康向上的元素。

设计师有意把能够共享的功能放在一起,形成相互渗透、互相倾诉的空间关系。把恒温无边泳池放在销售主场的边上,销售期间可作为酒会与其他活动的互动场所,形成光影互动,波光迷离的效果。通过地面的高低错落,形成可以与户外景观全面对话,又可达到恒温要求的无边界泳池概念,是设计的一大亮点。

由于成本上的考虑,有些办公区域、夹层空间,在不投入大量成本的前提下,被优化成为穿插在各功能区的"灰度空间"。让不同空间在视觉享受的瞬间,自然过渡。打造一个既能达到销售要求,又可满足会所功能的现代的、奢华的、艺术的、阳光的视觉空间。

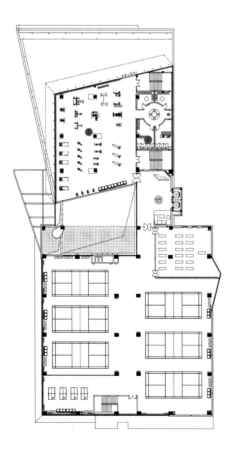

1. 大厅
2. 休闲区
3. 卫生间

左1 会所外观
右1 大堂

左1 展示区域
左2 落地玻璃可赏户外风光
左3 有趣的金属装置
左4 恒温泳池
右1 光影互动波光迷离

中建领海尚溪地会所

Zhongjian Island Marine Shangxidi Club

设计单位:HSD水平线空间设计 / 设计:琚宾 / 参与设计:陈敏、谭琼妹、许金华、石燕 / 面积:5000 m² / 主要材料:帝玉玉石材、橡木、黑钢、乳胶漆、皮料 / 坐落地点:青岛 / 完工时间:2011年7月 / 摄影:孙翔宇

会所设计大致呈东西方向对称布局，两层设计的建筑外观延续了项目简约内敛的整体风格，大内庭以古代文人的七件雅事：琴、棋、书、画、诗、酒、茶为主题，试图谱写深深的禅意。室内设计延续建筑外观结构，作为内立面装饰，它可以说是建筑结构的延续，也是室内外空间延展、重组的载体。它配合色泽温和的木纹地面将整个室内空间与建筑风格相融合，散发温润如玉的中国古典气息和悠然致远的文人气质。

设计师通过悖谬的设计手法，利用金属和木材两种截然不同的装饰材料在造型与质地上的对比来吸引观者的视线，以不同材料的内在精神和力量，创造空间的内在张力。

1. 大厅
2. 餐区
3. 会议室
4. 展示区
5. 办公区
6. 卫生间

左1 水面上的建筑
左2 室内设计延续了建筑的外观结构
右1 荷花莲叶的装置艺术散发出浓浓的古典气息

左1 抽象的色彩明快的地毯
左2 金属和木材的刚柔对比
右1 一个个体块分割出的走廊
右2 沿窗分割出的小会客区域
右3 中式元素的应用谱写禅意

融会会所 **Fusion Club**

设计单位:无锡市上瑞元筑设计制作有限公司 / 设计:冯嘉云 / 参与设计:铁柱、耿顺峰 / 陈设设计: 无锡艺研堂装饰艺术品有限公司 / 面积:1440 m² / 主要材料:老木板、水曲柳染色、黑洞石、拉丝铜、马毛皮、木丝吸音板/ 坐落地点:无锡西水东商业街 / 完工时间:2012年4月

斑驳、古意、婆娑肌理的空间质感，带有鲜明、厚重的历史记忆，与曾经辉煌彪炳的"中国近现代工商业"、"民国"语境，在气质上吻合。塑造故事性，成为设计初衷，同时，知性、格调感的空间，亦建立在与高端目标客群心理机制相对应的预期。会所业态，注定是一小族群身心归所，是城市新贵"后奢侈、慢生活"专属现场。为此，在色彩基调上，采用国际化手法表现的灰调，在浑然整体、沉稳大气暗示着对贵族精神的关照。黑的皮革、灰蓝的墙纸、布艺，灰色水纹的石材，到瑰丽大方的木纹、驼色的地毯、褐色的椅背、桌套及深黄的牛皮，演绎着由冷调到暖调的自然过渡与紧密的色彩逻辑，并由丰富的材质对比、纹饰变化形成了生动的空间张力，内敛中流溢悦动。

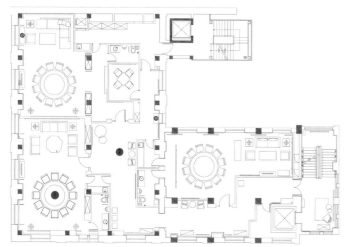
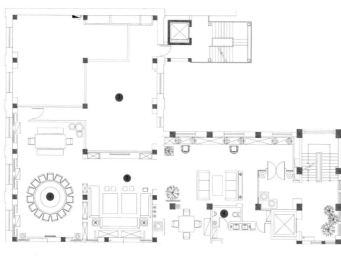
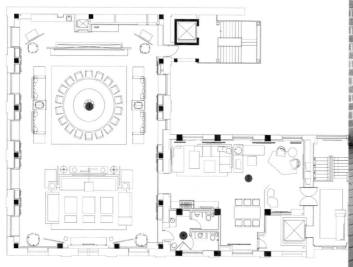

1. 包间
2. 休闲区
3. 操作间
4. 卫生间

左1 打开厚重的钢框大门仿佛也打开了历史的记忆
左2 灰白色的主调沉稳大气

左1 深深浅浅的灰色和细腻的织物纹理形成完美的搭配
右1 楼梯间儒雅的小景布置
右2 丰富的材质和纹饰的对比交融
右3 斑驳的物件却代表了后奢侈

湖心熙园会所 Lotus Land

设计单位:上海微建建筑空间设计有限公司 / 设计:宋微建 / 参与设计:于万斌、邓澍琳 / 面积:2200 m² / 主要材料:榆木原木，黄洞石、青砖 / 坐落地点:苏州阳澄湖 / 工程造价:1000万元 / 完工时间:2011年10月/ 摄影:宋微建

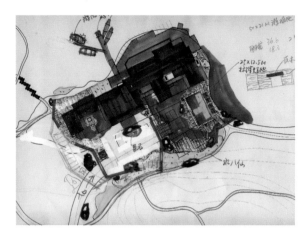

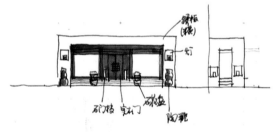

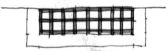

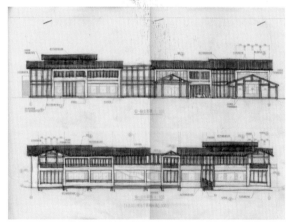

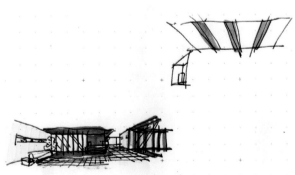

创意手绘图

当代之"形"，传统之"神"

湖心熙园会所位于苏州阳澄湖畔，其建筑改造、景观及室内空间设计均由设计师完成。苏州作为中国历史名城，蕴藉千年古韵，其造园艺术更是达到极高的艺术造诣。在本案里，设计师将造园艺术与中国传统美学趣味相融合，以当代之"形"，塑传统之"神"，创造了一个写意、自在、简练的艺术空间。

师法自然，和谐共生

近几年的室内设计中，不少有怀旧情结的人，都纷纷将目光投向中式风格，但大多流于表相，仅仅将中式装饰元素、家具填充其中，营造古色古香之感，却并未体现出中式传统之真正审美趣味。中国画中，以能、妙、神、逸为四品，其中逸为上品，乃是指一种不可言说、只可意会的意境，举凡中国建筑、书法、器物，莫不如此。这种意境，是"道法自然"的"道"，是"大象无形"的"象"，流露出一种天人合一、明心见性的本真情怀。在本案中，设计师试图对"逸"进行一次美学探索。

整个会所空间，都充溢着一种中国古老文化所特有的情致。地面木地板与青砖，延续着苏州悠远的古韵；墙面的米黄色洞石，纹理如行云流水；粗糙麻绳装饰的天花，用最本质的方式呈现素朴风味。为达到一致的视觉效果，所有的家具，均设计师亲自设计，一桌一几，一椅一榻，造型精简又不失传统之神韵，在简朴中体现出与山水万物共生的哲学精神。

"隔"与"透"的艺术

中国古典园林地不求广，园不求大，却追求"意贵乎远，境贵乎深"，讲究含蓄深蕴。要达到此种境界，重要的手法之一就是进行"隔"的处理。在本案里，我们就可以不时寻觅到"隔"的艺术。

正门正对接待台，右转沿着走廊直走，尽头则是开放式的休憩区。为避免带来一览无余的视觉效果，在走廊与休憩区之间，设计师选择了一盆大型盆景作为"屏风"。至走廊尽头右转，则进入会所的休闲区域，分别由茶室、多功能厅、酒吧以及SPA区组成，而这些功能区均由走廊串连起，通过"隔"的处理，给人深远之感。两间相邻的开放式茶室，设计师采用了一排原木的木栅作为隔断，每根粗大的原木都以树木的原生形态呈现，粗糙的树干与横切面的美丽纹理传达出纯粹、简单的美学思想。

在区域的规划上，部分区域为开放式设计，部分区域则为封闭式处理，这样的手法也达到了显与隐、虚与实的艺术效果，只有在推开门后，观者才能发现门后的世界。如走廊左边门后，就隐藏着中餐散座区，而推开茶室对面的门，则隐藏着一个大型的多功能厅，如此处理，让平直的建筑体变得更为生动而富有情趣。

如果说墙的封闭是设计师采用的"隔"的艺术，那么窗的开放则演绎了"透"的魅力。环顾整个会所，在许多区域，整面的多幅落地窗甚至直接取代了厚重的墙体，起到了"俗则屏之，嘉则收之"的图画效果。窗外的园景、湖景如画般呈现在眼前，与室内动静相映，空间、人与自然三者在一种开阔、自由的状态中融为一体。

1. 接待区
2. 包间
3. 休闲区
4. 客房
5. 卫生间

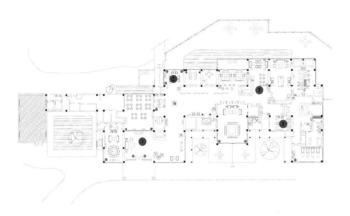 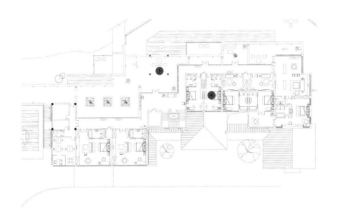

左1 阳澄湖畔的会所
右1 形态饱满的接待台

左1 粗大的原木以原生形态呈现
左2 造型精简又不失古韵的家具
右1 富有序列感的长廊
右2 粗糙麻绳编制出的天花板

南京滨江会所　**Nanjing Bingjiang Club**

设计单位:苏州金螳螂建筑装饰股份有限公司 / 设计:王磊 / 参与设计:邹桂斌、卢晓辉、陈昱、刘宇杰、徐萌 / 面积:3000 m² / 主要材料:木纹石、木饰面、皮革、墙纸 / 坐落地点:南京 / 工程造价:1100万元 / 完工时间:2012年1月 / 摄影:潘宇峰

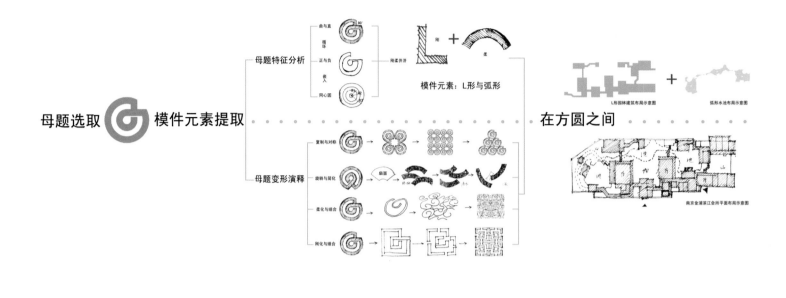

江苏金浦集团是以化学原料及化学制品制造业为核心,房地产开发为骨干,集研发、生产、销售、商贸为一体的大型国际化现代民营企业集团。经过多年的不懈努力,集团实现了跨越式的发展,现已拥有数十家成员企业,综合产能达数百万吨。

在滨江会所概念设计中,希望能够延续金浦集团的企业文化,从细小处融合于各个功能空间中。在设计中,以金浦logo"G"作为设计母题模件,在此基础上,提取设计模件,通过对其logo母题的特性分析、演绎产生一系列的形态,形成此次设计的形态体系。

概念设计主要是由设计母题、江南园林空间特征、休闲会所功能形态三个内容组成。三个部分是从设计概念到功能空间的构成基础。

首先,在概念设计初,希望将金浦企业的文化属性赋予一定的形态,从而实现空间形态与企业文化的结合。

而形态作为文化的表现载体,特选取了金浦集团的LOGO作为形态构成的基础开展具体的空间设计。金浦集团标志释义源于英文字母"G"的演变,整体如两个相融相生、无限循环的圆环,蕴涵着不断超越自我,追求卓越,实现永续经营的企业理念。标志又酷似树木的年轮、水中的涟漪,层层叠叠,见证着金浦集团厚积薄发、跨越发展的光辉历程。金色的标志,充满了阳光、活力和希望,一如金浦集团积极向上的企业文化。

第二,滨江会所位于南京长江之畔,建筑与自然环境融合,山石、水池、花木、铺地、花窗相互映衬,充分表现出传统江南园林的院落格局模式。在整体空间功能整合中,希望通过对传统园林院落的理解,形成一定的院落主题,深灰景观内环,实现室内外空间的呼应。

第三,此次设计是将传统园林院落定位于休闲会所。需要满足接待、会议、住宿、休闲娱乐、展示及收藏的功能,并安排一定的停车及后勤功能。在功能设计阶段重视自然采光及通风,并结合舒适的人工照明、家具陈设艺术,实现会所空间功能的高品质诉求。

在充分考虑以上三个设计要素的基础上,将母题形态符号与空间意象相结合,并通过空间流线组织完成空间功能与形态的整合,形成理想的园林生活空间。

具体到每个空间,我们在大量保护原有建筑物基础上,突出了中国传统的"院落"形式作为设计的理念之一。

首先在平面规划上,把江南园林的"园"、"错落"的意境体现在会所各个功能空间的组织上。

门厅

首先,入口门厅及大堂作为整个会所的起点,采用简洁的中式元素,集合自然光,营造了灵透的空间氛围,将人从外面喧闹过渡到会所院内的幽静。大片对称的实墙和正对入口的花窗形成强烈的虚实对比,对称的格局使得整个入口大堂大气精致,而变异简洁的中式花格在光影作用下格外的细致动人。

四面厅

为了满足功能需求,将四面厅的两侧添加了墙体,南北两侧则保留隔扇。为了维持舒适的室内温度,空调系统,我们大面积的采用深色变异简化了的实木窗格,简朴而别

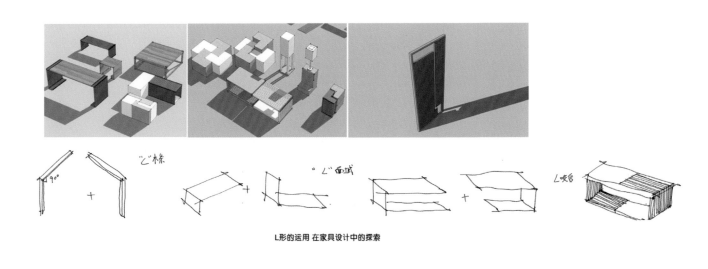

L形的运用 在家具设计中的探索

具一格的造型，使得内外空间互相渗透。在四面厅内部，为了营造一个舒适的休息就餐宴会环境，通过四组花格将其分成三个部分：吧台、就餐及休息区，并在一侧设置卫生间与备餐。

风格上保留了原有的梁架结构，又通过传统屋顶自然地把江南建筑的元素和特质体现出来，并通过灯光营造温暖典雅的氛围。家具选择并没有拘泥于一般的中式风格，尤其是餐椅及沙发，充分考虑了人使用的舒适度，现代又不失古典丰韵。

贵宾餐厅

在贵宾餐厅设计中，我们将江南富庶之地的富有、水乡人家如诗的画面，通过不同的材质、手法去展现。从家具的设计及室内的陈设，都力求简约明快又不失大气殷实，呈现出温馨、典雅、舒适、厚重的空间效果。既符合中国人所崇尚的人文环境又通过对中国传统的变异使得"意象"江南的理念得以彻底体现。

以上这些，就是我们在滨江会所设计中，所要传递的另一种对江南文化的理解与认知。

贵宾接待厅

接待厅作为正式的接待场所，设计中更加的严谨，采用经典对称布局，通过实木与皮革等材料展示出格调高雅，沉重内敛，高贵，大气庄重的氛围。

客房

客房仍旧体现了现代中式的简约淡雅特征，在装饰细节上，崇尚自然情趣，色彩以沉稳的深色调为主，并配合深色的中式家具及浅色墙纸，形成柔和协调的，令人心情宁静的空间氛围。在天花设计中，摒除单调的石膏线条，加入传统屋顶方椽格子造型，

更富情趣。

红酒吧

红酒吧穿行在连廊之间，保留原有的隔扇，内外通透幽静。通过屋顶现代与传统的转变，分割出吧台与休闲区，并配合色调典雅的舒适家具，使得停留这里的客人在品酒之余，仍能够看到翠竹、青石、水映琴台、落水涟漪、恬淡高雅的动人画面，从而感受到江南文化特有的意境。

书吧

书吧是会所中的一个重点，位于园子最南端，环境安静清幽。书吧通过正面墙书架作为背景，布置了简单的书桌、椅及休闲沙发。采用传统棂格门窗，并结合花格屏风形成散落的光线，形成一种安详恬淡的书卷气，同时也极好的体现了中国文人气质。

KTV

不同于一般KTV的绚丽喧闹，本次KTV设计同样保持了中式的清静优雅。但相对其他空间的简洁，KTV在用材及色彩上都更为丰富，除去基本的深色木饰面及皮革，采用大面积石材作为电视背景墙，在平淡中生出一些生气。在家具选择中更为自由，既保持了风格的统一，又不影响客人使用的方便与舒适。

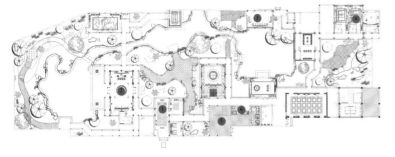

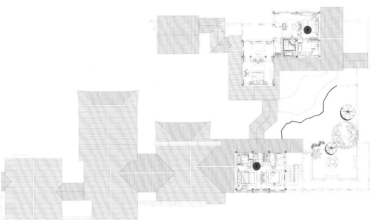

1. 接待区
2. 包间
3. 休闲区
4. 客房
5. 操作区
6. 卫生间

左1 大片石墙和花窗形成了虚实对比
左2 古典玄关
右1 细腻动人的中式花格

左1 赋予传统梁架新的特色
左2 窗纱掩映下的窗格更具意象性
右1 室内陈设大气而典雅
右2 客房天花加入了传统的方椽格子造型

金玉荟 Jinyuhui International Club

设计单位:沈阳大展装饰设计顾问有限公司 / 设计:孙志刚、王强 / 参与设计:朱华 / 陈设设计:林妍希 / 面积:2500 m² / 主要材料:安哥拉棕理石、西西里灰理石、金属板 / 坐落地点:沈阳市 / 完工时间:2012年6月

通过与业主的充分沟通及商业经营分析特定的消费人群、特定的消费习惯决定了本案的整体室内设计方向、风格定位。本案的定位为高端商务会所,以红酒雪茄为主题。

主体建筑面积分为三层。一层为高端商务餐包形式,整体基调以深色为主,略带新古典风格的墙面穿插着大面积的现代抽象画,使整体的空间感受既有精致低调感,同时不缺少艺术气息。空间的主体共性有了,具体到个性上的体现,主要通过家具、陈设、灯具等巧妙的配置,在一个相对压抑有些闷的空间里,形成一个个爆点,与空间内部形成互衬互动的关系。

二层相对于其他两层,可以说是个异类了,本身在风格上更偏向于现代风格,简洁明快,色彩对比较强烈,尤其是在饰面部分,现代装饰元素,材料也得到了更多的运用,镜面、金属、玻璃等有机的结合在一起,与一层一样,大面积的素描抽象画的运用,使一个本来现代略显平淡的空间多了一些优雅的艺术感。

三层最大的特点就是空间的高度及结构给方案设计带来的感受和挑战。由于是斜屋面,因此空间里存在一个举架6m的高空间,同时拥有建筑梁架结构户外平台等公共空间。三层总体的条件使它成为整个项目的重点亮点。相对于一层略带古典、二层的现代风格,三层总体区是一个风格略显模糊的混搭空间,同时在软装上也更多了些娱乐、戏剧化的元素使之与空间的功能定位相辅相成,强调空间的特性。三层雪茄吧与夹层空间的设计相对于公共部分更加的纯粹精致。相对于酒吧区的热情动感,更多了人文精神,使人们在此不时的穿梭在动静的空间,感受着不同的心境。

虽然本案为商业项目,但是通过空间内部总的设计基调把握及后期家具、陈设等的选择,使整体空间游走于古典与现代,热情的释放与人文的关怀间,在此更多的是人与人的原始情感交流,少了许多商业气息,营造一种精致优雅的空间环境。

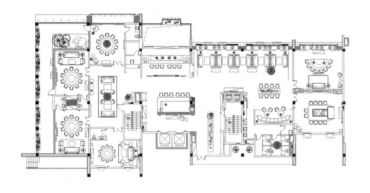

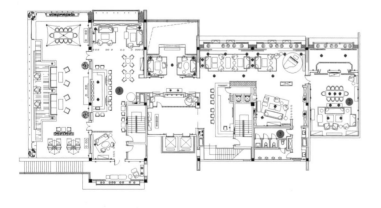

1. 大厅
2. 包间
3. 休闲区
4. 操作区
5. 卫生间

左1 主体建筑分为三层
右1 深色的基调

左1 密集的天花悬吊形成一个个爆点
左2 墙面穿插大面积的现代抽象画
右1 热情动感的酒吧区
右2 精致的豪华包间

月湖盛园-盛世花厅　# World Club in Ningbo City

设计单位:R2室内设计 / 设计:万宏伟 / 参与设计:杨永豪、王国边 / 面积:500 m² / 主要材料:手工砖、铜板、壁纸、复古镜、彩色玻璃 / 坐落地点:浙江宁波 / 工程造价:400万元

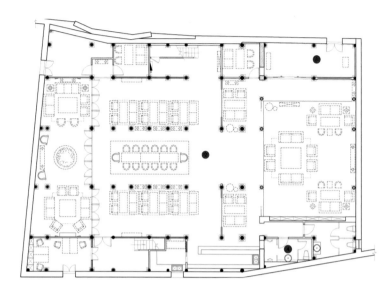

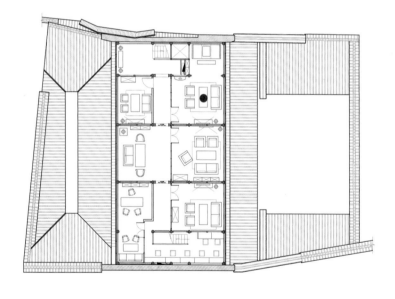

1. 大厅
2. 餐区
3. 包间
4. 卫生间

右1　一面老墙体上满是历史老照片

寻找那一抹蓝

蓝色,以往我们在商业空间中使用得非常谨慎。蓝色,谦虚内敛,是充满梦幻的色彩,始终保持沉稳浪漫的感觉,也是宁静思考的状态。在这个月湖盛园的案例里,我们做了一点尝试。

此案例有两个特别之处:江南传统三合院的建筑和文化交流的业态。

建筑是郁家巷1号,区级文保单位盛世花厅,位于月湖盛园历史文化街区。这个区域历史上人文荟萃,底蕴深厚,盛世花厅是该区域的重点建筑之一。建筑形态为中国江南清中晚期的三合院,在月湖盛园的开发过程中,这栋建筑得到了妥善的保护和修复,比较完整地保存了某个历史阶段的生活格局和历史发展信息,有着自己的生命力。

此案的业态不同于我们熟悉的餐饮、休闲或者酒店类型,是面对高端客户的语言培训机构兼商务会谈、举办小型中外文化交流活动的场所。语言培训方式和我们熟悉的强塞硬背完全不同,一切在闲适优雅的聊天中展开,谈英国的民俗,说中国的瓷器,谈当下的金融形势,说手中的红酒,在交流的过程中,语言渐渐熟练起来。因为这样的背景,这样的人群,一些文化交流更加脚踏实地起来。

面对这样一个项目,我有一些忐忑。一栋荷载着历史的江南建筑,一个特殊小众的文化业态,我花了一点时间来"犹豫",说句实话,我总觉得我读书读得还不够多,对于文化或者文化的交流还没有那么多的体验。所幸,有业主的诚恳支持,和业界朋友做顾问,有了强有力的后盾,我们没有道理忍耐 "挑战"的诱惑,开始了这次尝试和探索。

对于建筑,我们采取了无为而为的姿态,尽量多保留建筑的原有风貌,多用屋顶原来的天窗做室内的"漏光"。最大的手脚动在建筑的院子。用钢架、玻璃搭建出一间"透光厅",增大营业面积,延展室内空间,特选了3组风格迥异的沙发"混搭",呵呵,来这里交谈的人们本来也是个"混搭"。不能脱俗的运用整面墙的书架来烘托书香氛围,入口处保留了一面老墙体布置历史照片。原有建筑的主要空间保持开敞,长条形桌椅为轴线,两侧布局6组4人位洽谈桌椅组团。一楼最内侧小厅做成相对私密性的沙龙区,作为和二楼封闭的小单间之间的功能补偿。二楼为了满足个别授课的需求,分隔成一个个的"私享"空间。笔墨书画,窗影棂格,在这里旖旎阑珊出一番婉约味道。

再漂亮的设计,没办法满足业主的需求只能是空中的楼阁,梦里的昙花。仅仅满足业态的基本功能需求总是觉得缺乏挑战。洽谈,交流,衣香鬓影的谈话,有相宜的椅子才恰当。这个案例,我们很大的精力花在了家具上,体现西方文化的舶来感的家具、水磨嵌花地砖相继登场。传统英式的家具,掺杂时尚感强烈的家具,相聚在明清时期的老房子里,差异性相映成一点交流的趣味。

一个文化交流的场所,我作为室内设计主创,想尽量提供 "可能性"多一点的背景,我希望来自五湖四海的人们在这里有一份自由感、放松的愉悦感。欧式的烛台,中式的瓷器都被我们抱过来做陈设的"混搭"。同时,这些也不是没有边际的自由,是有范围的。因此,我们引进了"那一抹蓝色"。

徘徊了许久,我们斗胆尝试一下"高贵"的蓝为主线:暗蓝色的地砖,蓝紫加粉绿的地毯,蓝调的皮椅,蓝绿相间的彩色玻璃,蓝色的布帘。黑白墙壁加暗红色木梁的古建筑,棕色的家具,都是这些蓝色的映衬,虽然蓝色总显得那么理性、内敛。我们寻找着那一抹神秘略带点抒情的蓝调。期望,客人们因这一抹蓝色不自觉的细言慢语起来,酒杯端起浅浅的酌,温柔优雅的氛围,因此而生。

我总是认为色彩能够影响人们情绪和有自身的语言,明度高的蓝色表达清新与宁静,明度低的蓝色象征庄重与崇高,明度极低的蓝色诉说着孤独与悲伤。不同的感受区别在一线之间,蓝色是最冷的色彩,我无意寻找最冷的蓝,我尝试着寻找那一抹温情

的、文静的、祥和的、理性的蓝色。

蓝色和暗绿橙红等颜色搭配使用在同一个空间中时，虽然它是主线，它总是退后一步，跳跃惹眼的永远不是它，低调沉稳、界定氛围的却是它。乍一看，主角是那些橙色们，定睛凝神，真正的力量是那一抹蓝。

这如同我们在设计上的探索，寻找那一抹蓝。这个案例，仅仅是开始。

上 高贵的蓝色为主线
左1 以中间长条形桌椅为轴线两侧分别布置的4人位
右1 婉约气质的窗影棂格

苏州含德精舍

Suzhou Top Artwork Collection Club

设计单位:上海黑泡泡建筑装饰设计工程有限公司 / 参与设计:曹鑫第 / 面积:1900 m² / 主要材料:灰砖、花岗岩、烧毛、铁刀木 / 坐落地点:苏州 / 工程造价:350万 / 摄影:文宗博

含德精舍艺术品私藏会馆始建于2010年秋,卧居盘门,与胥门临河远眺,交相辉映,依古胥门地势建造,借苏州园林之神韵,外形简洁雅致,大隐于市。"含德精舍"取义于老子《道德经》,旨在以赤子之心,竭诚为收藏者提供交流平台。馆内设有"博物馆"、"授业馆"、"聚贤堂"、"会议室"等场所,以满足会务、授课、小憩之场所。

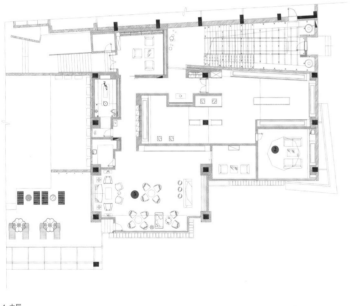

1. 大厅
2. 包间
3. 休闲区
4. 办公区
5. 会议室
6. 卫生间

左1 沐浴在顶棚的天光下拾梯而上
右1 排列规则的地面和木围墙引导着方向

左1 可边品着美酒边把玩收藏
左2 灰色背景衬托下的艳红沙发
右1 户外观景台
右2 深色顶棚下是明亮的藏品陈列柜

杭州葛岭卡森红酒庄园

Hangzhou Green Carson Red Wine Castle

设计单位:苏州金螳螂建筑装饰股份有限公司 / 设计:谢天 / 参与设计:陈明建、何昱楼 / 陈设设计:谢天 / 面积:5000 m² / 主要材料:古堡灰大理石、石材马赛克、橡木、红砖 / 坐落地点:杭州市北山葛岭路77号 / 工程造价:1500万元/ 摄影:林德建

1. 包间
2. 休闲区
3. 操作区
4. 卫生间

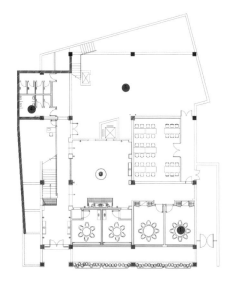

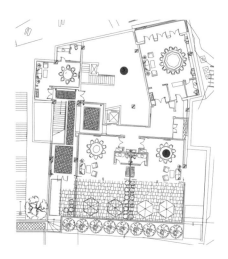

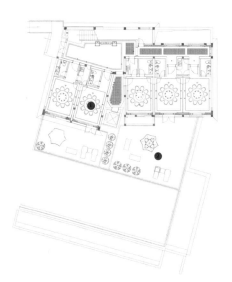

通常我们会把设计看做是原创性劳动,注重独特性、差异性、个体化特征,而生产则往往被人认为是一种重复性劳动,注重成本控制、流程和效率。那么,设计生产到底注重设计特征还是遵循其生产特点呢? 说到底,这是一个原创优先还是效率优先的问题。这个问题似乎是一个简单的二选一问题,但现实情况往往要复杂的多,有现实的问题,有业主的问题,也有设计师自身的问题,还有企业的发展与行业发展的问题,社会心态与文化自省的问题,文化取向与价值取向的问题。

作为一名成熟的热爱设计的设计师,当然希望每一个设计都是自己的作品,是独一无二的。然而现实的情况往往不尽如人意,在生存和发展面前,生存永远是第一位的,作为一个服务性行业,业主的满意是不可缺少的。当业主喜欢你早期完成的某一种现有空间且你无法说服业主时,你的设计工作很可能就要转变成一种生产工作了。即使到了发展阶段,设计生产的现象仍无处不在。设计企业的迅速扩张需要大量的业务支撑,从企业经营的角度出发,设计本身就是一种产品,设计生产属必然趋势。商业以追求利润为目的,趋同以追求流行为目的,这些与原创无关。由此看来,设计生产作为一种普遍的行为,不但是一种社会现象,同时也是一种文化现象。

从历史的角度看,设计生产是设计行业进入工业化生产的产物,是我们身处的这个复制时代的必然现象。一种事物的存在,必然有他的合理性。但是,设计生产现象的合理存在,并不等于设计师们可以熟视无睹,更不应该将设计生产作为设计的最高宗旨去追求。作为一个有责任感的设计师,你可以去做产品,但那只是为了效益,为了有一个更好的条件。说白了,钱不是目的,只是手段,是基础,同样也不必苛求设计师的每一个设计都是作品,每一个设计师的成长几乎都是从模仿开始的。这使我想起了日本的照相机设计产业的发展,现在的日本五大品牌相机,当年几乎都是模仿德国相机起步的。经历了从模仿到改制再到创新的三个阶段。这是一个从"抄"到"超"的过程,我们现在做的,也许也是同样的一件事。

卡森红酒庄园的设计,业主的要求是不需要原创,施工的工期不允许原创,于是,一个设计生产的产品出现了。设计师只要在平面上做一些功能布局的调整,就可以去打高尔夫球了。由于母版的成熟,设计师与业主的沟通也变得简单,省略了诸如汇报方案风格,修改效果图等大量耗费精力的步骤。在空间尺度、造型比例、细部节点、材质、肌理质感、灯光布局等各方面,并不需要付出太多的精力,一切都有现成的,可看可触,直接准确。大量图纸的立面,大样和节点都无需重新出图,只需稍加修改即可。不到一个月就完成的设计使这个项目效率和效益都非常的突出。这不是设计的优势,而是设计生产的优势。

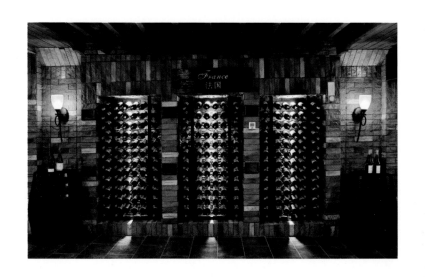

左1 一切设计都是为了凸显红酒的主题
右1 大片的镜面玻璃扩大着空间感

左1 在阳台可揽山景
左2 被美景包围的长廊
左3 室内外风景已融为一体
右1 端庄沉稳的接待台
右2 大气的公共空间

左1 红砖铺就的拱形廊带你进入美酒的天地
左2 上部的红酒柜呼应顶部造型也设计成优美的弧状
右1 陶醉在美妙醇厚的密集美酒中
右2 清雅的中式包间
右3 卵石中也有红酒的身影

杭州上林苑会所　Hangzhou Shanglinyuan Club

设计单位:浙江亚厦装饰股份有限公司 / 设计:谢天 / 参与设计:陈明建、何昱楼 / 陈设设计:谢天 / 面积:2000 m² / 主要材料:灰麻花岗岩、青砖、黑米木饰面、硅藻泥 / 坐落地点:杭州市玉古路植物园内 / 工程造价:600万元 / 摄影:林德建

始终觉得,一个设计师是一个诗人,他的作品应该具有场所的诗意。诗是文学的最高境界,诗意也是设计师对空间的最终追求。当然这很难,因为设计师在现实中总面临着不断的妥协,这种妥协就像伊甸园的苹果,不断地引诱着你,让你放弃曾经坚守的信念。是坚守还是享受,每个设计师都曾经历过。不管怎样,我始终固执地认为,作为一个真正的设计师,一个真正热爱生活的人,在他们的心中始终有一个乌托邦,不会因为年华的流逝而老去,也不会因为岁月的磨砺而退色,相反倒显得更加的强烈而炽热。

我喜欢海子"面朝大海,春暖花开"的真情,也喜欢卞之琳"明月装饰了你的窗子,你装饰了别人的梦"的机敏,我喜欢穆旦那"那烧着的不过是成熟的年代"的炽热,也喜欢徐志摩"翡冷翠"中一夜的缠绵与变幻。我更喜欢古诗词,李白"黄河之水天上来"的浩然与"明朝散发弄扁舟"的桀骜,杜甫"无边落木萧萧下,不尽长江滚滚来"的沉郁,还有王维"行到水穷处,坐看云起时"的禅意,苏轼"也无风雨也无晴"的旷达。在我看来,情是艺术家的创作原动力,山水之情,人世之情,天地之情皆可入画,于设计又有何不可呢?此次杭州上林苑会所设计,也大抵如此吧。

上林苑,初次听到这个名字就有一种亲切感,汉武朝会未央宫,纵马上林苑的历史景象顿时浮现于脑海,那种纵马挥鞭,君临天下的豪情令人心潮澎湃。然而,现场的感受却大相径庭,会所地处杭州市植物园内,是一个百树成荫,鸟鸣山幽的环境。不管怎样,我还是被此间江南特有的山水之情所深深打动。

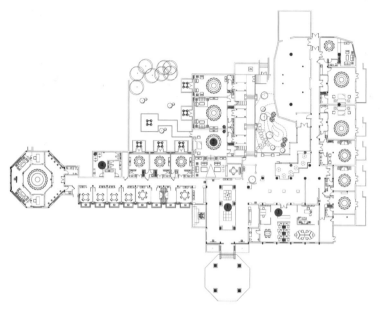

1. 大厅
2. 包间
3. 休闲区
4. 卫生间

左1 夜色中的建筑立面
右2 四根上窄下宽的大柱子撑起一片天空

对于这次设计，我想做的从容些、冷静些。因为我知道，尽管热情是创作的源泉，但是不加以控制，汹涌而出的热情之火会烧毁一切，对设计尤其如此。徒有热情不能解决问题，功能性还是需要冷静分析的。所幸的是，业主并没有给我带来太多的限制，建筑也具备较好的空间形态，使得有更多的情感倾注于空间的表达。

首先确定的是对传统建筑构造和语言元素的借鉴，遵循现有的空间结构，因势利导，合理地塑造有机的室内空间形态。借对自然的爱惜、营造水与山的相互融合，木与石的相互融合，建筑美与自然美相互融合，有形的山水、建筑、花木与无形的人文艺术精神相互融合，来达到"有"和"无"的相互融合。宁静致远，淡泊明志，和而不同，有容乃大，吸纳中国私家园林与皇家园林的综合艺术形式，以现代工艺与材料的科技性能融入传统室内围合的空间理念，传承优秀的中华文化。

在设计中的另一个重点是慎重地解决奢华与文化品位的矛盾，体现出会所特有的贵气和传统儒雅风范。体宜因借，充分的体现室内中庭自然景观，树立绿色的环境意识，寻求天人合一，情景交融，乃至"得象忘形"、"得意忘象"的境界，创造儒雅的室内空间环境。

用中国美学、哲学、审美，结合现代设计手法，做到步移景异，一步一景，不仅仅给人们以舒适、山水之美，而且它是艺术、是文化，它蕴含着中国古人那种超越世俗、隐于江湖的精神人格。

左1 原木打造的桌椅古朴自然
左2 阳台一方幽静的小天地
右1 现代和传统材质的对比

左1 具有皇室风范的铜钟
左2 让室内也有园林步移景异的效果
左3 玲珑的瓷器映射在镜子中产生了纵深感
右1 传统建筑中的廊柱
右2 朴雅的茶室
右3 中式包间

武汉荷田会所 Charge field club

设计单位:南京测建装饰设计顾问有限公司 / 设计:刘延斌 / 参与设计:郑军、田耀 / 陈设设计:刘延斌 / 面积:36000 m² / 主要材料:大西洋灰、银橡牙、铁刀木 / 坐落地点:武汉东湖新技术开发区华工科技园 / 工程造价:9800万 / 完工时间:2011年10月 / 摄影:文宗博

业主的期待是:不事张扬,无需太多的繁琐粉饰,低调中透出不凡的品位。

最终没有艳丽的色彩,呈现在眼前的是由灰木纹大理石和深灰色铁刀木营造出的"灰调空间"。荷花、水草、水纹基理石料、贝壳装饰等元素大量地使用,为了强调与水的密切关联。

1. 大厅
2. 包间
3. 接待区
4. 休闲区
5. 客房
6. 办公区
7. 卫生间

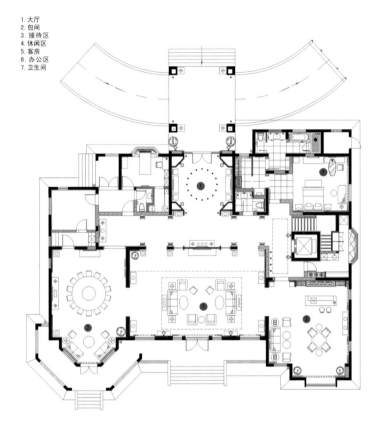

左1 枝蔓般垂下的吊灯
左2 紫红色的搭配带来一份冶艳的情调
右1 墙面的荷花水墨画契合会所的主题

左1 不事张扬的灰色调
左2 优雅的灰调空间
左3 厚重的大门气度不凡
右1 紫色地毯上也是荷花的造型
右2 素雅的卧房

武汉畅响会所 # Wuhan Echo Club

设计单位:阔合国际有限公司 / 设计: 林琮然 / 参与设计:李本涛、林盈秀 / 面积:2000 m² / 主要材料:白色石材、玻璃、不锈钢、马来漆 / 坐落地点:武汉 / 完工时间: 2011年7月 / 摄影:黎威宏

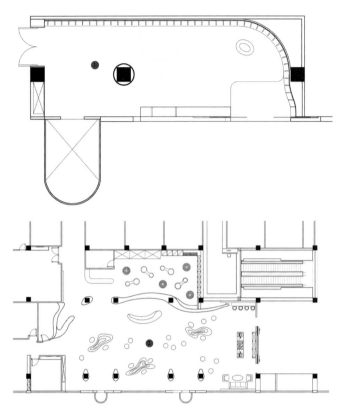

1. 大厅
2. 休闲区

设计师以其前卫自然的设计风格,擅长抽萃建筑性格中的自然元素,再次聚合成前卫大胆的形变空间,将声音的音波、声纹,在畅响会所被落化成沙发、天花、梁柱,以及每一个包厢,每一处转角,一座完全属于声音、感觉美妙又舒适恰当的歌唱空间,形成武汉时尚年轻族群追捧的新潮圣地。

自在休闲的年轻码头
武汉水多,两江交汇,百湖纳于其间,养成了武汉那自由包容的内在个性。男人的豪爽与女子的泼辣,形成了这城市天生的江湖底气,如此的大雅与大俗就这样在武汉交织。做一个武汉新时代为主体的Echo Club畅响会所,必须包含这特属武汉的"自在休闲"的精神。

设计之初,建筑设计师走访武汉的街头,那生猛的大排档与露天麻将,融合了叫卖声、麻将声与爽朗的笑声,自然地在他脑内形成了一种忘我音感,浮现出"余声绕梁,音浪荡漾"的空间想象,希望打造出音乐进入空间内如同行云流水般自然完美,利用特殊的前卫表现创造出一种静止的声动画面。强烈的视觉震撼,让人游走其间仿佛唱到忘我神离,而充满艺术感的基调对比绚丽幻化的灯光,更展现出清新纯真底下那热情澎湃的血液。年轻是二元一体的冲突性表现,流行是新旧交替的过渡,以城市个性为底蕴放入充满戏剧性与幻想,将伴随年轻基因重现自在的码头。

白色梦境与红色魔力
完美的想象来自于梦里的白与武汉的红,所以入口蔓延武汉城市的记忆,利用红色打造出一片片曲板,表达出韵律化形变的空间。而镜面与液晶画面的搭配,扩大了空间感也创造出展厅般的影音。若说起点是红色的火光,那小女孩在火柴棒燃起后看到梦想,就在那偌大白色梦境中展现。火红的动感一瞬间被自由的白给舞动,视觉的想象在大厅内激荡,音符划过天际转换成五彩幻化的光景,音浪燃烧让地面上象征黑白琴键的石材瞬间弹奏起来,在超现实的空白空间内,自在且随意摆放的白色卵石沙发,起着稳定空间的力量,让人在此等待也轻松愉乐。梦里的幻境打破了现实,飘进了平凡,年轻就在多重层次的白色中展现出音乐,而想象力的飞驰是建筑师献给年轻人最完美的音符。

这是讯息时代的高感空间,以年轻人为主的消费空间,如何让来到这边的人有高度感受,这考验着设计师的思想与设计。"在高度微博的讯息时代,关注、互粉、@等行为,若可以安排到现实空间内,满足人类天生的好奇心,这空间转化过程就是种未来。"所以建筑师不满足大厅只是单纯性的等候区域,巧妙地加入了网吧与个性化录音室,刺激了人们在等待中产生看与被看的关注感。如在录音间的外墙设计了一个玻璃展示窗,窗外特别留设了一个半开放式的关注等候区,让好奇的人可以透过玻璃窗中的麦克风,在此等候并关注录音间的素人歌手,进而产生互粉的与@的多方交流。由实体外部的空间去诱导人们产生虚拟世界的讯息改变,这样的观念不仅丰富了空间的多重样貌,也改变人们共享欢乐的体验模式。

Echo Club畅响会所充分考虑时尚品味,让武汉的特色与年轻活力在这此地被升华,用艺术与情趣将传统的歌唱空间幻化了灵动的气氛,设计师努力实践坚持品味、原创梦想感受美好,全力开创新的欢乐境界。

右1 入口处蓝色音符在头顶飞扬

左1 一片片红色曲板表达出韵律化形变的空间
左2 热情的酒饮
右1 黑白对比强烈而奔放的墙面
右2 镜面于液晶画面的搭配扩大了空间感

C.DD（尺道）设计师事务所

C.DD（尺道）设计师事务所2009年成立，由三位热衷于设计的室内建筑师杨铭斌、李嘉辉、何晓平组建而成。从事于室内空间规划设计及相关家具与灯饰产品设计、建筑外观设计、陈设艺术设计。C.DD拥有旗下子公司EDAU ARTS（易道艺术设计有限公司）。

MARCELO JOULIA

1958年出生于阿根廷，90年代初在法国注册成为建筑设计师和城市规划师。曾获威尼斯建筑双年展设计奖、纽约室内设计金奖、阿姆斯特丹欧洲设计一等奖等国际型奖项，并在1999年被法国政府授予艺术与文学勋章。

曹鑫第

上海黑泡泡建筑装饰设计工程有限公司设计师。毕业于吉林艺术学院设计学院。

陈骏

1993年毕业于汕头大学美术设计系本科，从事室内设计14年。1994年创建蓝鲸室内设计有限公司，担任经理及创意总监。

陈维

高级室内建筑师、中国工程建设（建筑装饰）高级职业经理人、深圳市雅达环境艺术设计有限公司董事长、中国建筑装饰协会理事·专家、中国建筑学会室内设计分会理事、香港《设计之都》杂志出版人、汕头市装饰行业协会会长。

陈武

新冶国际（纽约）设计事务所亚太区代表、香港新冶设计工程有限公司董事、深圳市新冶组设计顾问有限公司总经理。中华民族文化促进会会员、国际室内设计师、室内建筑师联盟（IFI）会员、北京欢乐时空动漫学院客座教授、广州大学建筑设计研究学院第八所副所长。

崔华峰

毕业于中央工艺美术学院（现清华大学美术学院）。高级室内建筑师。广州美术学院客座教授。中国建筑学会室内设计分会理事、中国室内装饰协会室内设计委员会委员、中国工业设计协会会员、广东省美术家协会会员、广东省高级环境艺术设计师、广东省建设厅一级项目工程师、东方艺术史研究所研究员。

戴朝盛

2000年毕业于内蒙古师范大学国际现代设计艺术学院室内设计系，现就职于杭州山水组合建筑装饰设计有限公司。

范江

1999年成立宁波市高得装饰设计有限公司。酒店、会所、餐馆、办公、老建筑改造、展示等作品刊登于《室内设计与装修》、《现代装饰》、《中国建筑装饰装修》、《美国室内》中文版、《室内设计师》、《中国室内设计年鉴》等专业书刊；在国内多次获奖。

方令加

三佰舍室内设计顾问有限公司设计总监。

冯嘉云

无锡上瑞元筑设计制作有限公司设计师、董事长。法国国立科学技术与管理学院项目管理硕士学位。中国建筑学会室内设计分会高级室内建筑师、IFI 国际室内建筑师/设计师联盟会员。

冯羽

毕业于天津美术学院环境艺术设计本科。深圳市大羽环境艺术设计有限公司设计总监。

韩涛

中央美院建筑学院讲师。STA'nD设计事务所主持建筑师。1998年毕业于上海同济大学建筑系，获建筑学学士学位。2001年毕业于中央美术学院设计系，获文学硕士学位。

何丹羽

浙江工业大学建筑系教师。杭州山水组合建筑装饰设计有限公司设计师。一级注册建筑师、高级室内建筑师。毕业于上海同济大学建筑系本科。

何永明

毕业于华南师范大学商业美术本科。2003年成立何永明设计师事务所，主要从事建筑和室内设计。2005年成立广州道胜设计有限公司。中国室内设计协会注册设计师。广东工程技术学院客座讲师、华南师范大学室内设计系客座讲师。

洪约瑟

生于菲律宾马尼拉，在当地成长并接受教育，1974年毕业后到香港工作，并由建筑移到室内设计，1988年成立Joseph Sy & Associate Ltd。设计项目遍及亚太地区，现任清华大学室内设计研究生班高级讲师，TOP软装饰设计讲堂特邀讲师，江西美术专修学院客座讲师等。

洪忠轩

HHD假日东方国际·酒店设计机构首席创意总监；香港假日东方国际设计顾问有限公司及深圳市假日东方室内设计有限公司董事长。

胡若愚

1992–1998年厦门大学建筑系建筑设计研究院注册建筑师并担任教学工作，1998年创立厦门喜玛拉雅设计装修有限公司。

胡泽

2001年毕业于浙江商业职业技术学院室内设计系，现就职于杭州山水组合建筑装饰设计有限公司，从事设计至今。

黄书恒

1989年毕业于台湾成功大学建筑系，1992年赴英国伦敦大学"Bartlett, U.C.L"深造，获荣誉学位及获颁技术论文奖与细部竞图奖。1998年成立黄书恒建筑师事务所，之后并扩大经营为玄武设计群。其重要的设计思想为"中学为体，西学为用"。

黄振耀

厦门东峻设计顾问有限公司设计总监，意大利米兰理工大学室内设计管理学硕士，清华大学酒店设计高级研究生班毕业，中国建筑学会室内设计分会会员。

贾怀南

上海半千舍建筑装饰设计有限公司总设计师。毕业于东北师范大学美术学院环艺设计专业本科、曾工作于金螳螂建筑装饰集团、上海黑泡泡建筑装饰工程有限公司、苏州市建筑设计院有限责任公司室内所。

姜峰

姜峰室内设计有限公司总经理兼总设计师、中国建筑学会室内设计分会副会长、中国建筑装饰协会设计委副主任。建筑学硕士、国务院特殊津贴专家、教授级高级建筑师、高级室内建筑师。

姜湘岳、吴海燕

姜湘岳，毕业于南京艺术学院工艺系装饰专业，曾任职于江苏省建筑科学研究院，1997年任江苏省建科院装饰设计所所长，2001年至今任江苏省海岳建筑装饰工程设计有限公司总设计师和南京金陵国际装饰设计工程实业有限公司设计总监；CIID会员；高级室内建筑师。
吴海燕，CIID会员，高级室内建筑师。

姜亚洲

姜亚洲，金螳螂设计研究院副院长。中国建筑学会室内设计分会会员、高级室内建筑师。高级工艺美术师。

靳全勇

毕业于哈尔滨学院。现任哈尔滨唯美源装饰设计有限公司设计师。中国建筑学会室内设计分会会员。

琚宾

毕业于中央美院；HSD水平线空间设计北京I深圳首席创意总监；高级室内设计师；中央美术学院建筑学院，清华大学美术学院设计实践导师。

孔仲迅

河南鼎合建筑装饰设计工程有限公司设计总监。毕业于艺术设计专业。中国建筑学会室内设计分会会员、中国建筑学会室内设计分会第十五专业委员会委员、高级室内建筑师。

李祥君

上海风语筑展览有限公司设计总监。毕业于中国矿业大学环境艺术设计专业。

李学峰

环亚公司设计总监；2008年被中国建筑装饰协会评为"资深室内建筑师"。

利旭恒

出生于中国台湾，英国伦敦艺术大学荣誉学士，古鲁奇公司设计总监。长年致力于酒店餐饮空间与商业地产的设计。

梁小雄

香港维捷室内设计有限公司设计总监。从事酒店设计15年，有着丰富的酒店设计经验。

林开新

福州林开新室内设计有限公司负责人；CIID第八委员会理事；全国百名优秀室内建筑师。

林伟而

香港思联建筑设计有限公司董事总经理。美国康内尔大学建筑系硕士及学士。

凌子达

KLID达观国际建筑设计事务所设计总监。从业十几年，一直致力于建筑设计、室内设计及景观设计的不断钻研和创新。

刘波

刘波室内设计（深圳）有限公司创始人、刘波设计顾问（香港）有限公司创始人。
深圳室内设计师协会（SZAID）会长。天津美术学院客座教授。

刘世尧

高级室内建筑师，中国建筑学会室内设计分会第十五专业委员会副主任，美国IFDA国际室内装饰设计协会河南办事处主任，河南省建筑装饰协会家装委员会副秘书长，河南鼎合建筑装饰设计工程有限公司执行董事。

卢文伟

高级室内建筑师、中国建筑装饰设计协会会员、浙江省装饰设计协会会员、浙江省优秀室内建筑师、2006年度中国杰出中青年室内建筑师。1999年创办杭州历程装饰设计有限公司。

陆琴

环境艺术设计本科毕业，宁波市新库房艺术品有限公司董事、执行总经理兼艺术总监。

陆嵘

HKG副总经理、设计总监。同济大学建筑学硕士。灵山梵宫项目总负责人、主创设计师。

吕永中

毕业于上海同济大学，留校任教逾18年；吕永中设计咨询有限公司董事长；半木品牌创始人。

内建筑

内建筑设计事务所自2004年4月成立以来，重新审视了建筑与室内设计长期割裂的关系，并以来自舞台设计和建筑设计的不同教育背景以及多年来不同领域的实践经验，让作品呈现出更加丰富多元的创作思维，跨越建筑与室内设计之间的界线，探索广义范围内的空间设计，建立起建筑与室内的一体性关系，实现"内建筑"设计方向的基本表述。

迫庆一郎（SAKO KEIICHIRO）

1996年东京工业大学研究生毕业，1996年-2004年就职于山本理显设计工场，2004年成立SAKO建筑设计工社（中国北京），2004年-2005年赴哥伦比亚大学担任客座研究员，日本文化厅外派艺术家驻外研修员。

齐云

台湾齐云生活美学馆有限公司创意总监。《北京时尚家居》杂志封面艺术指导。湖南卫视官方杂志芒果画报专栏作家。

秦岳明

深圳市朗联设计顾问有限公司设计总监，1990年建筑学专业毕业，1994年起开始涉足室内设计。1999年创建朗联设计公司。多年来带领朗联团队致力于酒店会所、办公空间及楼盘示范单位的设计与研究。

芮孝国

就职于杭州山水组合建筑装饰设计有限公司，从事设计。

申强

2008年创立OTO STUDIO 、2010年创立SHEN-PHOTO摄影工作室。师从著名建筑师登琨艳从事建筑室内设计十余年，并师从著名摄影师莫尚勤学习建筑摄影。室内设计师、空间摄影师。

施传峰、许娜

施传峰，福州宽北装饰设计有限公司首席设计师、董事。福建师大室内设计专业毕业。中国建筑学会室内设计分会会员、第八（福州）专业委员会委员。
许娜，毕业于福州大学土木工程学院建筑系。福州宽北装饰有限公司设计师。中国建筑学会室内设计分会会员。

宋微建

上海微建（Vjian）建筑空间设计有限公司董事长、首席设计师。毕业于深圳大学建筑系，曾就职于苏州金螳螂建筑装饰股份有限公司，任监事、副总经理、策划总监。中国建筑学会室内设计分会副理事长。

孙黎明

无锡上瑞元筑设计制作有限公司董事设计师。CIID中国建筑学会室内设计分会理事、CIID中国建筑学会室内设计分会第三十六（无锡）专业委员会秘书长。江苏省室内设计学会理事。IFI 国际室内建筑师/设计师联盟会员。美国IAU艺术设计硕士。

孙志刚

大展装饰设计顾问有限公司总经理兼设计总监。毕业于中央美术学院美术史系，进修于北京中央工艺美院环艺专业、清华大学研修班。高级室内建筑师。

汤物臣·肯文设计事务所

成立于2002年，多年来致力于度假酒店、休闲娱乐会所及酒吧餐饮等大型项目的设计研发。

田军

毕业于大连轻工学院家具设计专业，1997年成立田军设计工作室，2006年成立北京瑞普设计有限公司，2006年开始和俏江南餐饮有限公司合作至今，做了俏江南全国近40家的餐厅环境设计。

万宏伟

宁波市汉文设计工作室总经理、设计总监。毕业于四川美术学院。高级室内建筑师。IFI国际室内建筑师设计联盟专业会员、中国建筑学会室内设计分会会员、宁波专业委员会理事。

苏州金螳螂建筑装饰股份有限公司第一设计院一所

王祎华，苏州金螳螂建筑装饰股份有限公司第一设计院一分院院长、设计总策划；CIID会员。
钱文宇，2002毕业于苏州工艺美术职业技术学院环境艺术系，CIID会员。
蒋斌洁，2002毕业于南京艺术学院，CIID会员。
陈泳潮，2007毕业于苏州职大环艺系。
黄浩，2004 毕业于西北农林科大。

王善祥

毕业于华东师大艺术系国画专业；在努力对纯艺术及建筑设计分别进行探索的同时力争使二者相互融合，并认为各种艺术门类之间没有明确界限，主张"泛艺术"观念，曾参加多项艺术展览。

王永

北京建极峰上大宅装饰西安分公司首席设计师。中国室内装饰协会高级室内设计师；中国建筑装饰协会高级室内建筑师。

吴矛矛

北京市建筑工程学院建筑学学士，米兰理工大学国际室内设计硕士，高级室内建筑师。IFDA国际室内装饰协会中国分会常务理事，CIID中国建筑学会室内设计分会理事，现任中外建工程设计与顾问有限公司董事。

萧爱彬

上海萧视设计装饰有限公司董事长、总设计师。毕业于四川美院。高级室内建筑师。中国建筑学会室内设计分会理事、《中国室内》编委。上海装饰装修行业协会常务理事、上海行业协会设计专委会副主任。四川师大视觉艺术学院客座教授。

谢天

高级室内建筑师，中国美术学院副教授，中国美术学院国艺城市设计艺术研究院院长，浙江亚厦设计研究院院长，瑞士伯尔尼应用科学大学建筑可持续研究硕士，浙江省环境艺术家协会理事，浙江省重点工程专家评审委员会专家委员，中国饭店协会装修设计专业委员会专家委员。

辛明雨

毕业于黑龙江东方学院，现任职于哈尔滨唯美源装饰设计有限公司。

熊华阳

深圳市华空间设计顾问有限公司总经理、设计总监。毕业于环境艺术专业。中国建筑学会室内设计分会会员。中国建筑学会室内设计分会深圳（第三）专业委员会委员。高级室内建筑师。

徐福民

福建厦门徐福民室内设计有限公司总经理、设计总监。1996年毕业于福建师范大学艺术学院装潢与装饰设计专业获大专学历。2010年毕业于厦门大学艺术学院环境艺术设计专业获艺术硕士学位。

徐晓丽

2009年毕业于中国美术学院。2009年主题文化酒店设计化蝶篇获中国美术学院崇丽艺术奖，2011年毛戈平生活馆获金堂奖年度十佳休闲空间设计作品奖。

杨邦胜

YAC（国际）杨邦胜酒店设计顾问公司总裁。美国美联大学博士，米兰理工大学硕士，APHDA亚太酒店设计协会副会长，中国建筑学会室内设计分会常务理事，中国建筑装饰协会设计委员会副主任。

杨玉尧

清华工美环境艺术设计所副总设计师、清华大学美术学院城市建设艺术设计研究所副所长、清美玉尧艺术设计中心总监、清华大学美术学院客座教授。中国建筑学会室内设计分会理事。

姚康荣

杭州海天环境艺术设计有限公司设计总监，毕业于上海同济大学建材学院，高级室内建筑师。

叶铮

上海泓叶室内装饰有限公司总设计师；CIID理事；中国饭店协会设计委员会常务理事；上海应用技术学院副教授；IFI会员；美国室内设计学会国际会员。

殷艳明

毕业于西南大学美术学院，高级室内建筑师，2001年创立深圳市创域设计有限公司，深圳长城家具装饰工程有限公司长城设计院副总，中国建筑学会室内设计分会第三专业委员会副秘书长，深圳市室内设计师协会常务理事。

于强

于强室内设计师事务所总经理、设计总监。受教育于吉林师范学院美术系与中央工艺美院环艺系。中国建筑学会室内设计分会会员；中国建筑学会室内设计分会第三（深圳）专业委员会常务委员。

余平

西安电子科技大学副教授，中国建筑学会室内设计分会理事。

余守桂

苏州国贸嘉和设计二院设计师。毕业于苏州大学艺术学院，室内建筑师，工程师。

袁伟超

University of Texas in Arlington，EMBA硕士学位。

曾传杰

班堤设计负责人，班果公司总经理。台北复兴美工毕业，树德科技大学毕业，高雄市空间艺术学会理事长，高雄市室内设计装修公会监事，亚太设计师联盟副秘书长。

曾建龙

温州格瑞龙国际设计有限公司设计师。毕业于福州大学工艺美术学院和美国国际联盟大学艺术设计学院。中国建筑学会室内设计分会会员、室内建筑师。ICIAD国际室内建筑师与设计师理事会理事。

张灿

四川创视达建筑装饰设计有限公司负责人。中国建筑学会室内设计分会理事。中国建筑学会室内设计分会第四专委会委员。高级室内建筑师。IAI亚太建筑师与室内设计师联盟理事。成都市建筑装饰协会副会长。

张成喆

1997年旅居巴黎，1999年定居上海，成立IADC国际涞澳设计公司，2007年出版个人作品集《喆思空间》。多次荣获国内外重要设计奖项。

张健

1999年成立良品设计工作室；2007年创立观堂设计，任设计总监。

张迎军、张京涛

张迎军，大石代设计咨询有限公司总设计师。中国建筑学会室内设计分会会员、第23专业委员会委员。IFI国际室内建筑师联盟会员。
张京涛，中国室内学会室内设计分会会员，室内建筑师。

张奇永

1999年就读于黑龙江建筑职业技术学院环艺系。2007年就读于哈尔滨工业大学艺术设计系。现任哈尔滨唯美源装饰设计有限公司设计师兼建筑摄影师。

张智忠

同济大学建筑系室内设计专业毕业，深圳市易工营造设计有限公司董事。

赵华

上海度设建筑规划设计有限公司（度设设计DS&KAB）设计总监、合伙人。同济大学建筑学本科。德国斯图加特大学建筑学硕士。

郑少文

中国建筑学会室内设计分会粤东专业委员会主任。韩山师范学院客座教授，高级室内建筑师、高级工程师、高级环境艺术设计师，广东省环境艺术设计行业协会常务理事。

周达

苏州美瑞德建筑装饰有限公司副总经理、设计总院院长。毕业于苏州城建环保学院建筑学专业。高级室内建筑师、高级工程师。苏州城建环保学院建筑系教师。

蒋国兴

昆山叙品设计装饰工程有限公司总经理、设计总监。毕业于厦门工艺美术学校。中国室内设计协会会员。

刘延斌

南京测建装饰设计顾问公司设计总监，中国建筑学会室内设计分会会员，南京金陵旅馆干部学院特聘高级酒店室内设计顾问，具有丰富的酒店设计经验。

王俊钦

睿智匯设计总经理兼总设计师，毕业于中国工商管理学院建筑系，中国建筑学会室内设计分会会员，中国照明学会高级会员。

张巨雷

1997年毕业于中国美术学院环境艺术系，获学士学位。现为山水组合建筑装饰设计有限公司主案设计师。

朱永春

毕业于南京航空航天大学，创办了朱永春设计有限公司，任董事长兼设计总监。擅长雅致及新锐风格的设计，代表作有南通大饭店、味彩阁餐厅、艾邸俱乐部、立文办公室、锦绣苑私宅、良渚文化村样板房等。

万浮尘

江苏恒龙装饰工程有限公司浮尘设计工作室院长。建筑与室内设计硕士、CIID中国建筑学会室内分会会员、Iciad 国际室内建筑师与设计师理事会苏州理事。

主编

陈卫新

编委（排名不分先后）

陈耀光、陈南、高蓓、黄玉枝、蒲仪军、孙天文

沈雷、王琼、王兆明、吴海燕、叶铮、冯程程、郑玉滢

图书在版编目(CIP)数据

2012中国室内设计年鉴 ／《中国室内设计年鉴》编
辑部编. -- 沈阳 ： 辽宁科学技术出版社，2012.12
  ISBN 978-7-5381-7698-8

  Ⅰ．①2… Ⅱ．①中… Ⅲ．①室内装饰设计－中国－
2012－年鉴 Ⅳ．①TU238-54

中国版本图书馆CIP数据核字(2012)第230572号

出版发行：辽宁科学技术出版社
　　　　　（地址：沈阳市和平区十一纬路29号　邮编：110003）
印 刷 者：上海锦良印刷厂
经 销 者：各地新华书店
幅面尺寸：230mm×300mm
印　　张：84.5
插　　页：8
字　　数：100千字
印　　数：1～500
出版时间：2012年12月第1版
印刷时间：2012年12月第1次印刷
责任编辑：陈慈良　杜丙旭
封面设计：赵宝伟
版试设计：赵宝伟
责任校对：周　文
书　　号：ISBN 978-7-5381-7698-8
定　　价：498.00元（1、2册）

联系电话：024—23284360
邮购热线：024—23284502
E-mail:lnkjc@126.com
http://www.lnkj.com.cn
本书网址：www.lnkj.cn/uri.sh/7698